JN224235

飼《か》いたいペットのえらびかた

成美堂出版

はじめに

「ペットを飼《か》ってみたい！」

本書《ほんしょ》はそう思《おも》ったときに読《よ》んでもらいたい本《ほん》です。「飼《か》いたいけれど、どの生《い》き物《もの》が自分《じぶん》に合《あ》っているのかな？」と迷《まよ》っているみなさんのためにつくりました。

ペットは、普段《ふだん》の生活《せいかつ》にたくさんの楽《たの》しい時間《じかん》や、いやしをあたえてくれる存在《そんざい》です。ハムスターが手乗《ての》りをしたときの幸《しあわ》せ、「うさんぽ」でウサギと一緒《いっしょ》にお出《で》かけするときの幸《しあわ》せ、オウムと仲良《なかよ》くおしゃべりするときの幸《しあわ》せなど、本書《ほんしょ》では、ペットを飼《か》ったときの幸《しあわ》せな暮《く》らしがイメージできるように紹介《しょうかい》しています。あなたにピッタリのペットを見《み》つけるきっかけになるでしょう。

この本《ほん》を通《とお》して、あなたとこれから迎《むか》えるペットが、楽《たの》しく幸《しあわ》せな毎日《まいにち》を送《おく》れるように、お手伝《てつだ》いができたらうれしいです。さあ、ペットとの素敵《すてき》な出会《であ》いを一緒《いっしょ》に探《さが》してみましょう！

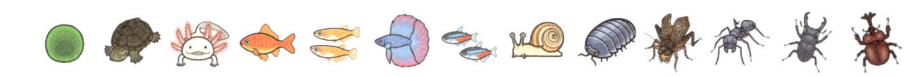

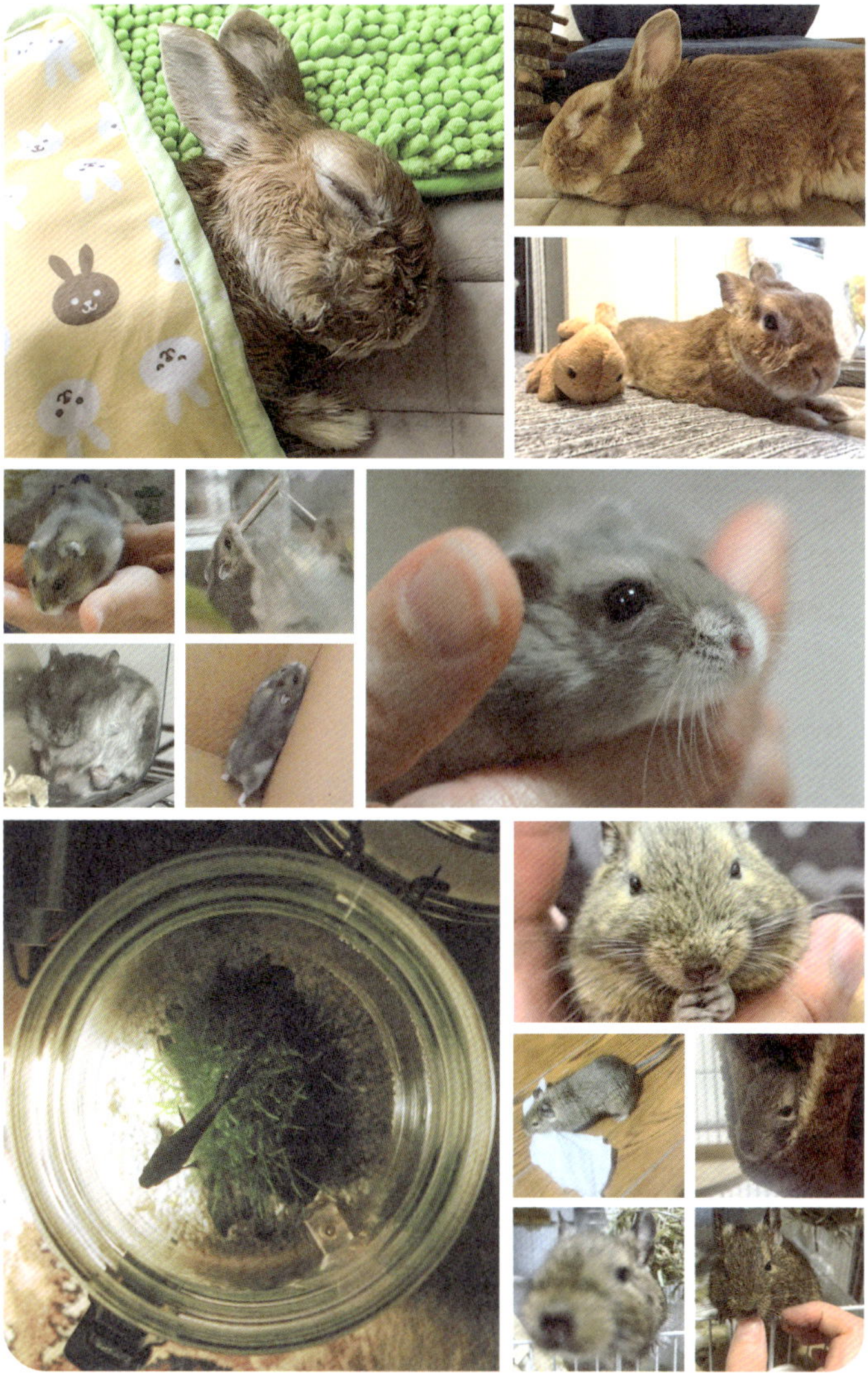

協力《きょうりょく》／しんげん(ウサギ)、ルミちゃん(ハムスター)、うしまる(デグー)、アオ(ベタ)

飼《か》いたいペットが見《み》つかるかもチャート

まずはゲーム感覚《かんかく》で、自分《じぶん》に合《あ》いそうなペットを見《み》つけてみよう！

START
絶対《ぜったい》に人《ひと》と違《ちが》うペットが飼《か》いたい!!
そう思《おも》わない
×
絶対《ぜったい》にそう思《おも》う！
○
遊《あそ》びに行《い》くなら
山《やま》
海《うみ》・川《かわ》
自分《じぶん》の性格《せいかく》は
せっかち
のんびり
生《い》き物《もの》を直接《ちょくせつ》触《さわ》ることが
今《いま》はわからない
苦手《にがて》
どうせならペットと長《なが》く過《す》ごしたい
×
○
和風《わふう》と洋風《ようふう》なら
和風《わふう》
洋風《ようふう》

生《い》き物《もの》を触《さわ》るのが苦手《にがて》でも、熱帯魚《ねったいぎょ》やメダカを飼《か》うことができます。エサをあげたら寄《よ》ってくるかわいい姿《すがた》を見《み》たら生《い》き物《もの》との接《せっ》し方《かた》も変《か》わるかもしれません。

じっくりペットと向《む》き合《あ》えるあなたにはカメやキンギョがおすすめ。オウムも寿命《じゅみょう》が長《なが》い。

隣《とな》りの家《いえ》は?

遠《とお》い

近《ちか》い

ちょっとならできる

うちはマンション

虫《むし》が大好《だいす》き!

○

×

おでかけ

好《す》き!

休日《きゅうじつ》といえば

家《いえ》で遊《あそ》ぶ

×

ペットに求《もと》めているものは?

遊《あそ》び

にぎやか

いやし

カラオケでは熱唱《ねっしょう》する

○

隣《とな》りの家《いえ》が遠《とお》いならニワトリを飼《か》うチャンス。鳴《な》き声《ごえ》を気《き》にしなくていいなら、庭《にわ》で飼《か》って、新鮮《しんせん》な卵《たまご》をとることだってできちゃいます。

ちょっとの触《ふ》れ合《あ》いならインコやフィンチがいいかも。なつくと手乗《ての》りでかわいい姿《すがた》を見《み》せてくれます。

虫《むし》は小《ちい》さなスペースでも飼《か》うことができるペット。おでかけした先《さき》から持《も》ち帰《かえ》った虫《むし》なら、一味違《ひとあじちが》う相棒《あいぼう》になるでしょう。

遊《あそ》び好《ず》きの代表格《だいひょうかく》はフェレット。モモンガやチンチラもなつくとよく遊《あそ》びを覚《おぼ》えてくれるかしこいペットです。

ハムスターやシマリスはちょこまかと動《うご》き回《まわ》るにぎやかなペット。楽《たの》しいペットライフを歩《あゆ》めるでしょう。

ダンゴムシ、マリモ、ウーパールーパー、カタツムリ、普通《ふつう》が嫌《いや》なあなたにはこんなペットが◎。

いやしを求《もと》めるなら、ウサギやハリネズミ、モルモットなどのおだやかなペットが◎。飼《か》い主《ぬし》だけに見《み》せるなついた姿《すがた》にメロメロになります。

歌《うた》が好《す》きですね? デグーやオウムのような歌《うた》うペットは良《よ》いパートナーになることでしょう。

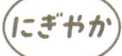

もくじ

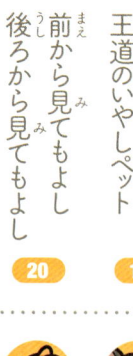

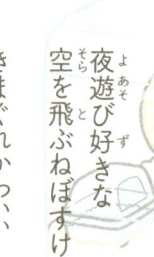

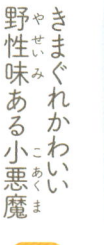

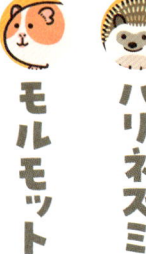

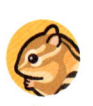

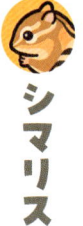

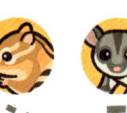

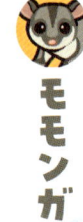

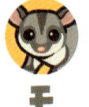

水中《すいちゅう》すいすい水辺《みずべ》のペット 114

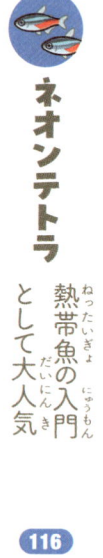

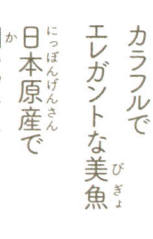

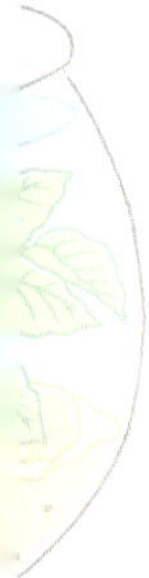

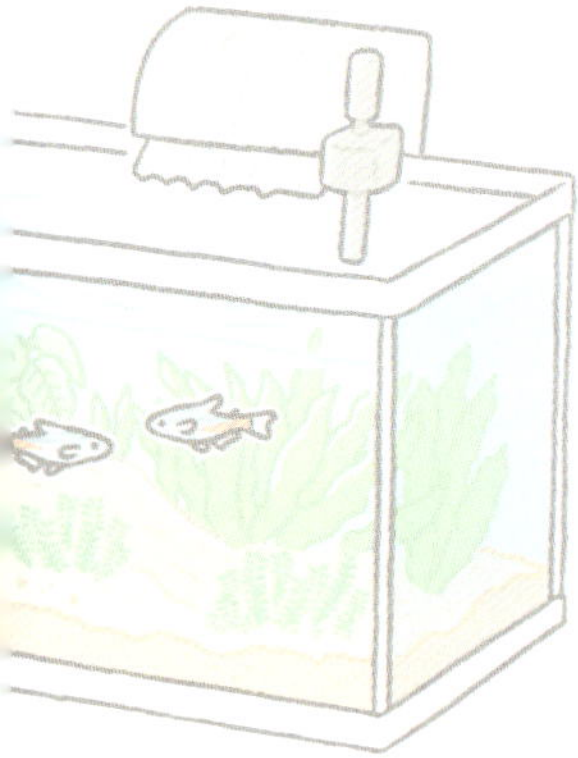

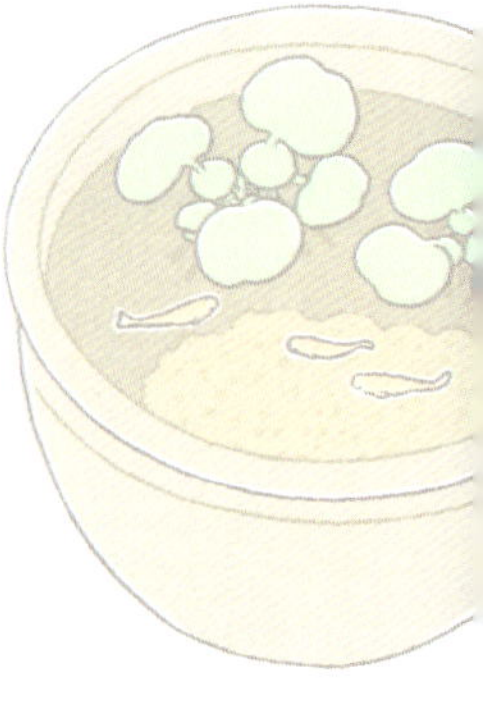

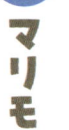

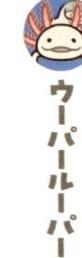

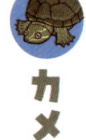

ペットもっとくわしく

※この本《ほん》で紹介《しょうかい》している参考初期費用《さんこうしょきひよう》は、一般的《いっぱんてき》な生体《せいたい》の価格《かかく》と、飼育《しいく》に必要《ひつよう》なものを足《た》した費用《ひよう》の目安《めやす》です。月《つき》にかかるお金《かね》は、ペット飼育《しいく》によって増《ふ》える光熱費《こうねつひ》を計算《けいさん》に入《い》れています。

1

触《さわ》ってうれしい もふもふペット

シマリス

ハリネズミ

ウサギ

デグー

フェレット

ハムスター

チンチラ

フクロモモンガ

モルモット

ウサギ

かしこく甘《あま》える
王道《おうどう》のいやしペット

つぶらな瞳《ひとみ》に
見《み》つめられると、
どんなときでも
いやされる

ウサギのトリセツ

1	なついてくれる？	おとなしいし、なつきやすいですよ
2	かかるお金《かね》は？	月《つき》4000～6000円《えん》ほどですね
3	なにを食《た》べる？	専用《せんよう》のえさと野菜《やさい》を食《た》べますよ
4	いつまで一緒《いっしょ》？	10年以上《ねんいじょう》生《い》きる子《こ》もいるみたいですね
5	飼育《しいく》スペースは?	横《よこ》90cm×奥行《おくゆ》き60cmあったらうれしいです

推《お》しポイント

長《なが》い付《つ》き合《あ》いとなる いやし系《けい》ペット

ペットに求《もと》めるものはなにか、ひとつは**いやし**でしょう。その点《てん》において、ウサギは**飼《か》い主《ぬし》にそっと寄《よ》り添《そ》ってくれるタイプ**。鳴《な》き声《こえ》を出《だ》してわがままを言《い》ったり、あちこちを走《はし》り回《まわ》ったり、そういう**主張《しゅちょう》をすることが少《すく》ない**です。きれい好《ず》きでトイレも覚《おぼ》えて、よくなつくと甘《あま》えてくるかわいさもあります。王道《おうどう》のいやし系《けい》ポイントをおさえているからこそ、ちょっと強気《つよき》だったり、引《ひ》っ込《こ》み思案《じあん》すぎる個性《こせい》が見《み》えても「うちの子《こ》は特別《とくべつ》だなあ」と、なんとなく許《ゆる》せてしまいます。ウサギは小動《しょうどう》物《ぶつ》の中《なか》では長《なが》生《い》きなので、**10才《さい》以上《いじょう》になることもあります**。

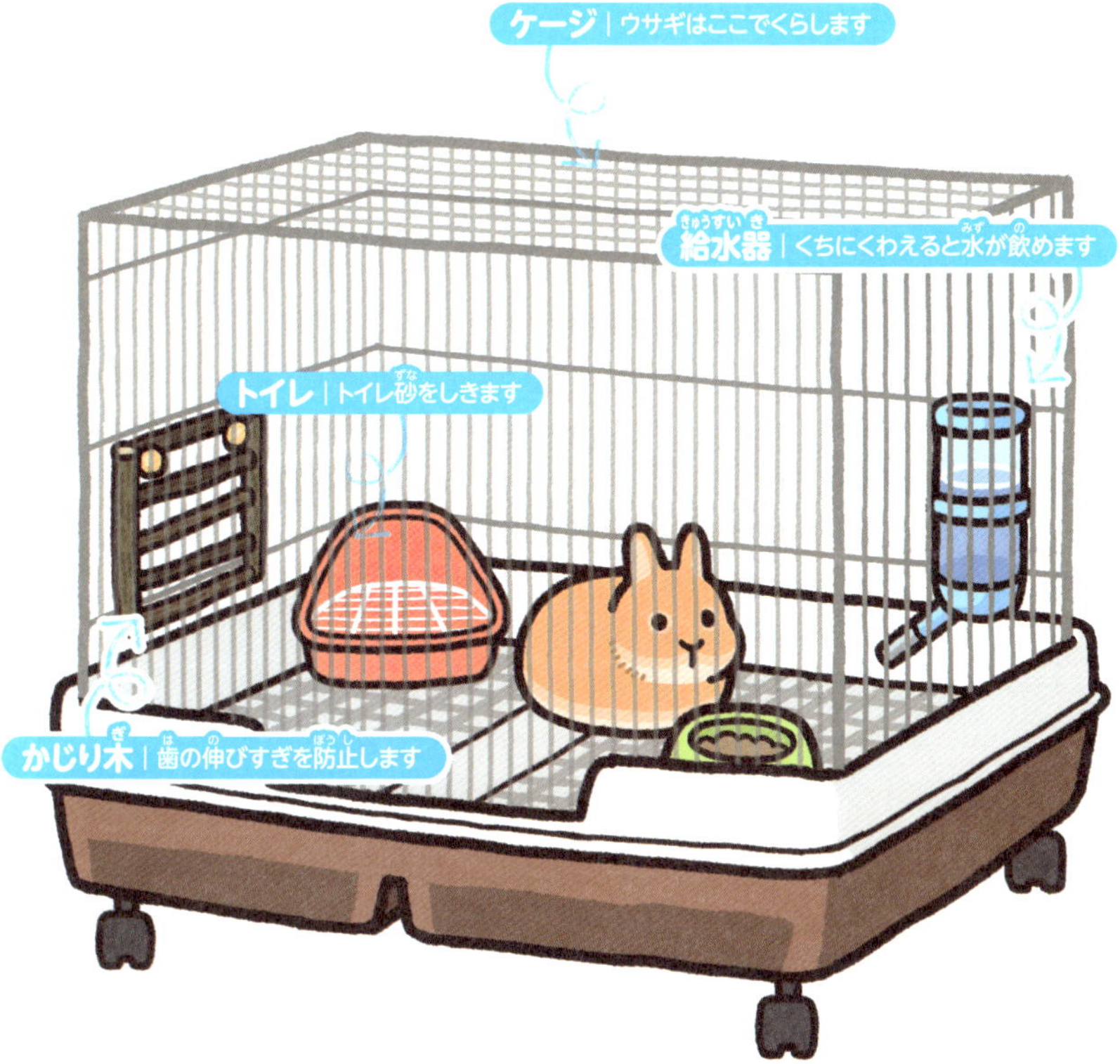
ケージ | ウサギはここでくらします
給水器《きゅうすいき》 | くちにくわえると水《みず》が飲《の》めます
トイレ | トイレ砂《すな》をしきます
かじり木《ぎ》 | 歯《は》の伸《の》びすぎを防止《ぼうし》します

参考初期費用《さんこうしょきひよう》 15000円《えん》～35000円《えん》

日《ひ》々《び》、いやし、いやされるウサギは相《そう》思《し》相《そう》愛《あい》ペット

DATE　/　/

毛《け》のお手《て》入《い》れをしたよ！

お店《みせ》のおねえさんがウサギの毛《け》のお手《て》入《い》れをしてくれた！　最初《さいしょ》はウサギが緊張《きんちょう》していたけど、途中《とちゅう》から気《き》持《も》ちよさそうにしていたのでよかった。ブラシの使《つか》い方《かた》を教《おそ》わったから、一緒《いっしょ》にやってみたよ！

推《お》しポイント

毎日《まいにち》世話《せわ》をすると信頼《しんらい》関係《かんけい》を築《きず》ける

「ウサギはさびしいと死《し》んでしまう」と言《い》われます。もちろんそんなことはありませんが、言葉《ことば》を裏返《うらがえ》すと**注《そそ》いだ愛情《あいじょう》に対《たい》して、しっかりと応《こた》えてくれるペット**です。きれい好《ず》きなウサギのためにケージの掃除《そうじ》、毛《け》のブラッシングや爪切《つめき》り、歯《は》が伸《の》びすぎていないかなど、こまめにチェックすべきことはいくつかあります。大変《たいへん》そうですね。でも、コツコツと面倒《めんどう》を見《み》れば、**ウサギからの信頼《しんらい》ポイントが着実《ちゃくじつ》に貯《た》まります。**どのくらいこまめにケアをすべきかはウサギの性格《せいかく》次第《しだい》で個体差《こたいさ》がありますが、**ウサギとのいやしいやされライフを気長《きなが》に楽《たの》しみましょう。**

ウサギが外《そと》の世界《せかい》に慣《な》れるまでは様子《ようす》をみよう。

散歩用《さんぽよう》のかわいいハーネスなども売《う》られている。

DATE　/　/

うさんぽしてきたよ！

ウサギとのおさんぽは「うさんぽ」っていうんだって！　家《いえ》の近《ちか》くの草《くさ》むらを一緒《いっしょ》に歩《ある》いてみたよ。ここはまわりになんにもない静《しず》かなところだから、のんびりできたみたいでよかった。

推《お》しポイント

おさんぽではなく、「うさんぽ」

ウサギの散歩《さんぽ》は「うさんぽ」。イヌの散歩《さんぽ》のように必要《ひつよう》なことではないので、**楽《たの》しい遠足《えんそく》やレクリエーションのイメージ**です。知《し》っておいた方《ほう》がよいのは、**ウサギの散歩《さんぽ》には注意《ちゅうい》点《てん》が多《おお》いこと**です。ストレスに強《つよ》くないウサギにとって外《そと》の世界《せかい》は刺激《しげき》が強《つよ》く、車通《くるまどお》りの多《おお》い場所《ばしょ》や、人《ひと》がたくさん集《あつ》まる場所《ばしょ》はむいていません。しかし、程《ほど》よい場所《ばしょ》を見《み》つけて、**ウサギがリフレッシュできる環境《かんきょう》に**なれば、飼《か》い主《ぬし》にとってもウサギにとっても、一緒《いっしょ》に楽《たの》しむことが増《ふ》えます。**信頼関係《しんらいかんけい》ができたウサギは飼《か》い主《ぬし》の気持《きも》ちによりそうことができる**ため、お互《たが》いが幸《しあわ》せになるようなうさんぽができるといいですね。

飼《か》えばわかる かわいさ!!

愛《あい》らしく寝《ね》ている姿《すがた》

お気《き》に入《い》りのわらの家《いえ》でお休《やす》み。ウトウトするかわいい姿《すがた》もよく見《み》せてくれる。

大《おお》きな耳《みみ》が特徴《とくちょう》のウサギ。外《そと》では左右《さゆう》の耳《みみ》を動《うご》かして周《まわ》りの様子《ようす》をうかがうことも。

耳《みみ》をパタパタする

いっしょにうさんぽ

暑《あつ》すぎず寒《さむ》すぎずの季節《きせつ》には外出《がいしゅつ》を楽《たの》しもう。

推しポイント

せまいスペースでも飼《か》うことができる

小動物《しょうどうぶつ》のペットは**小《ちい》さな家《いえ》でも飼《か》うことができる**のがポイントです。特《とく》にトイレを覚《おぼ》えるウサギなら、ケージの周《まわ》りに運動《うんどう》スペースをつくって**部屋《へや》での放《はな》し飼《が》い**もできます。日本《にっぽん》のせまい住宅事情《じゅうたくじじょう》にあった特徴《とくちょう》も、ウサギの人気《にんき》の一因《いちいん》です。

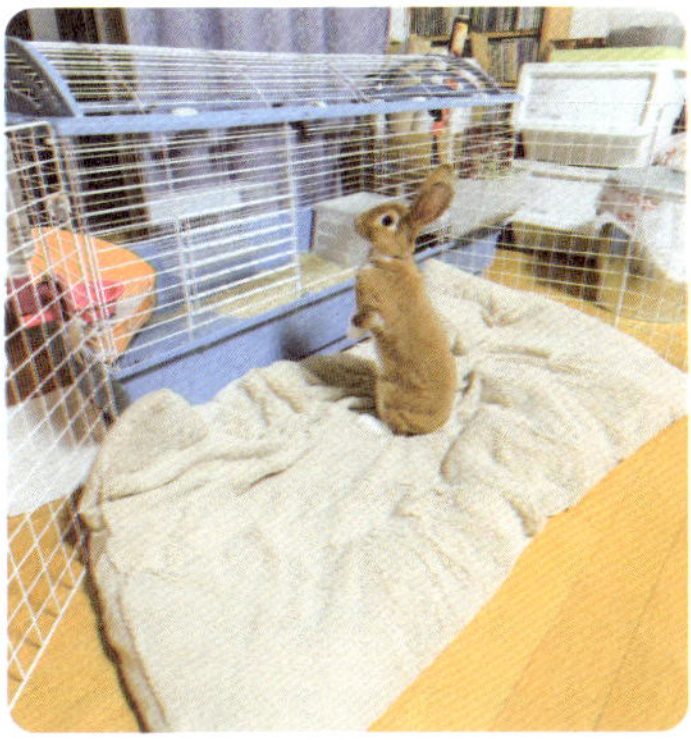

注意すべきこと

大《おお》きな音《おと》には注意《ちゅうい》 ストレスなきように

ウサギとの生活《せいかつ》で注意《ちゅうい》するのは、大《おお》きな物音《ものおと》や声《こえ》。よくほえるイヌや、動《うご》き回《まわ》って不用意《ふようい》に手《て》を伸《の》ばす小《ちい》さな子《こ》どもがいると、落《お》ち着《つ》かないでしょう。相性《あいしょう》という点《てん》では**おとなしい性格《せいかく》のルームメイト**と過《す》ごせば、お互《たが》いにストレスがありません。

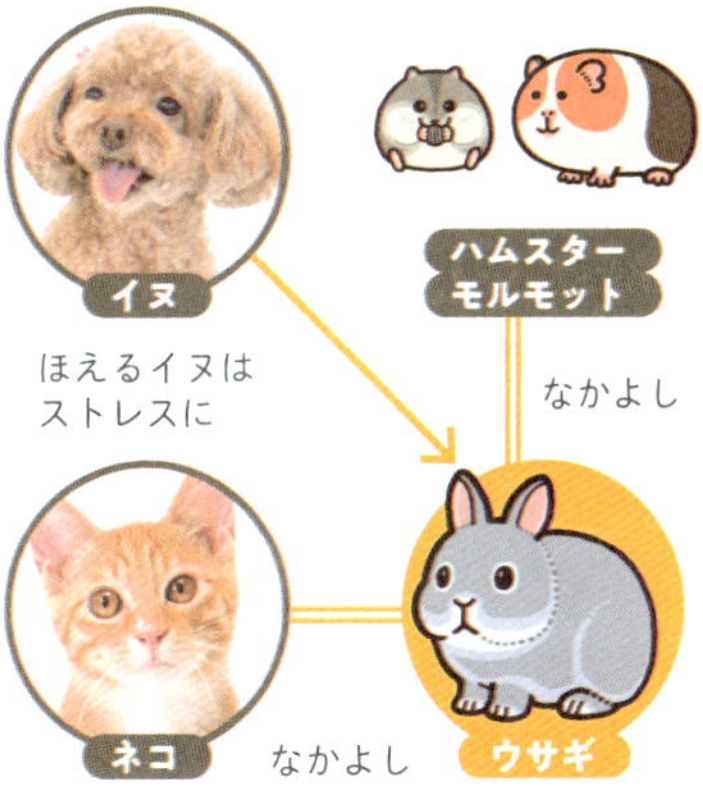
ハムスター
モルモット
なかよし
イヌ
ほえるイヌは
ストレスに
ネコ
なかよし
ウサギ

まめちしき

関係性《かんけいせい》がわかる ウサギとネズミの歯《は》

ウサギはかつて「げっ歯目《しもく》（ネズミの仲間《なかま》）」と思《おも》われていましたが、兎形目《とけいもく》というグループの動物《どうぶつ》です。歯《は》の構造《こうぞう》が違《ちが》いますが、食性《しょくせい》や歯《は》が伸《の》び続《つづ》ける特徴《とくちょう》はネズミの仲間《なかま》と同《おな》じで、**歯《は》のケアが大切《たいせつ》**なのと、**噛《か》まれると痛《いた》い**ので注意《ちゅうい》が必要《ひつよう》です。

ウサギの仲《なか》間《ま》

◆約《やく》25㎝
◆約《やく》1kg
にんき
1位《い》

ネザーランドドワーフ

オランダ生《う》まれの小《ちい》さなウサギ。毛《け》の色《いろ》は数十種類《すうじゅっしゅるい》と様々《さまざま》で、短《みじか》めの耳《みみ》と丸《まる》い顔《かお》がかわいく人気《にんき》の種《しゅ》。

アンゴラ

白《しろ》く長《なが》い毛《け》が特徴《とくちょう》。イングリッシュやフレンチなどアンゴラの中《なか》にもいくつかの種《しゅ》がある。

◆約《やく》30～55㎝
◆約《やく》2.5～4.5kg

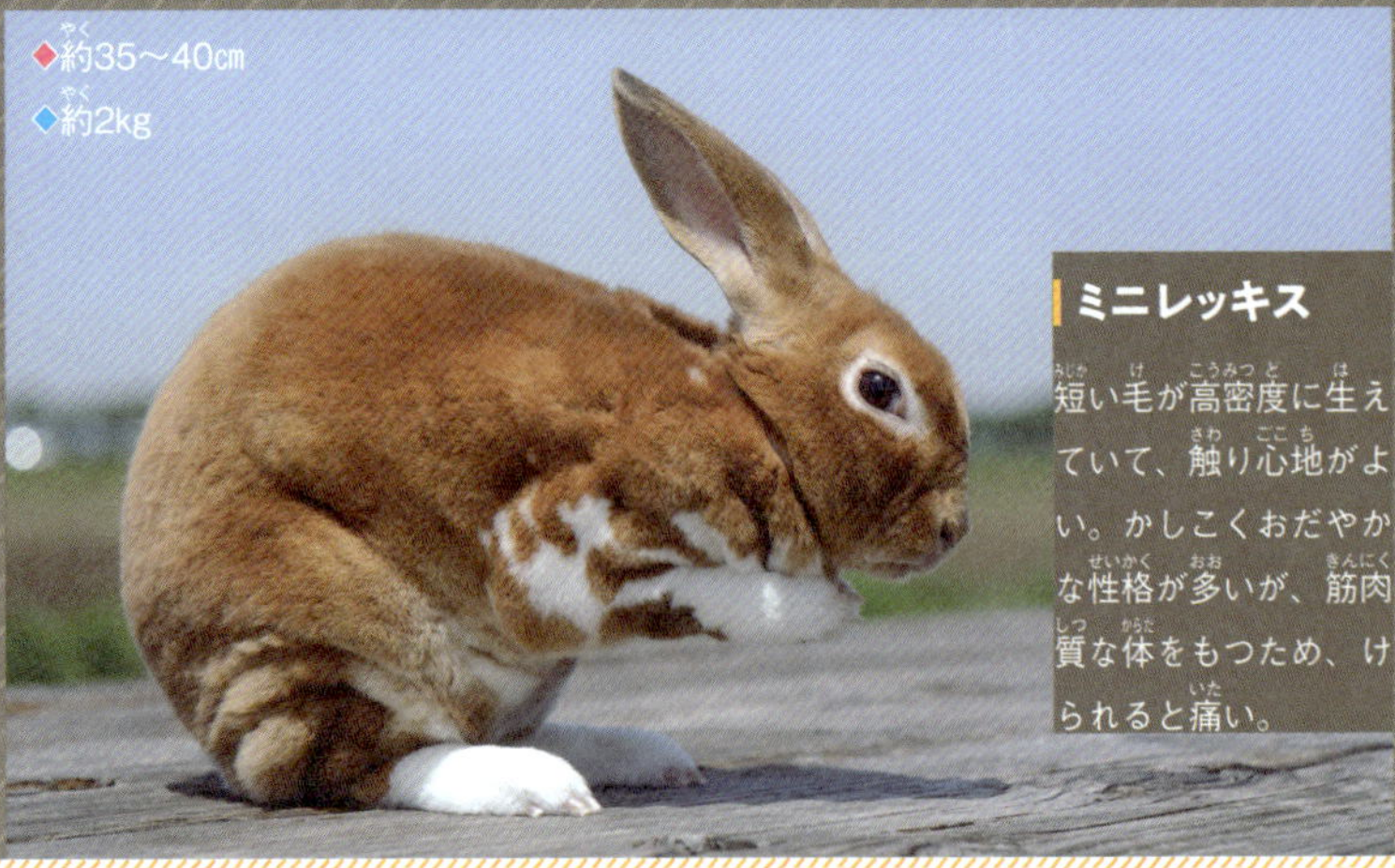
◆約《やく》35～40㎝
◆約《やく》2kg

ミニレッキス

短《みじか》い毛《け》が高密度《こうみつど》に生《は》えていて、触《さわ》り心地《ここち》がよい。かしこくおだやかな性格《せいかく》が多《おお》いが、筋肉質《きんにくしつ》な体《からだ》をもつため、けられると痛《いた》い。

◆約《やく》25～40㎝
◆約《やく》1.5～3kg

ミックス

いわゆる雑種《ざっしゅ》。ミニウサギと呼《よ》ばれる小柄《こがら》な種《しゅ》もミックスに含《ふく》まれる。様々《さまざま》なバリエーションがあり、王道的《おうどうてき》に人気《にんき》がある。

◆約《やく》25～35㎝
◆約《やく》1～1.5kg

ドワーフホト

お化粧《けしょう》をしたような目《め》の周《まわ》りの黒《くろ》い模様《もよう》がかわいらしい小柄《こがら》なウサギ。人《ひと》なつっこい性格《せいかく》が人気《にんき》。

◆約《やく》30～40㎝
◆約《やく》1.5

ホーランドロップ

なんといっても特徴的《とくちょうてき》なたれた耳《みみ》がかわいい。のんびりおとなしい性格《せいかく》が多《おお》い。耳掃除《みみそうじ》をすると喜《よろこ》ぶ。

ハムスター

前《まえ》から見《み》てもよし
後《うし》ろから見《み》てもよし

おしりを出《だ》した
後《うし》ろすがたは
「ハムケツ」と
よばれている。

ハムスターのトリセツ

1	なついてくれる？	うん!! でも急《きゅう》にさわられたら、かみますね
2	かかるお金《かね》は？	月《つき》3000～5000円《えん》!!
3	なにを食《た》べる？	専用《せんよう》のえさ。種《たね》とか野菜《やさい》も好《す》き!!
4	いつまで一緒《いっしょ》？	長《なが》くても2～3年《ねん》なので大事《だいじ》にしてください
5	飼育《しいく》スペースは？	横《よこ》60cm×奥行《おくゆ》き45cmくらいですね

推《お》しポイント

小型《こがた》ペット界《かい》の王道《おうどう》キュートのかたまり

ハムスターは飼育《しいく》しやすく、**小型《こがた》ペット飼育《しいく》の王道的存在《おうどうてきそんざい》。**なれれば手《て》に乗《の》ってくれたり、手《て》からえさをとってくれたりと、コミュニケーションもできます。行動力《こうどうりょく》があって部屋《へや》のすみなどを好《この》むところもあるため、**ケージから出《だ》して目《め》を離《はな》すと、あぶない場所《ばしょ》に行《い》ってしまうこともしばしば。**知《し》らずにドアの近《ちか》くにいてぶつかったり、座布団《ざぶとん》の下《した》にもぐりこもうとしていたり、事故《じこ》には要《よう》注意《ちゅうい》です。でも、そういう**ちょっぴりおバカなところが愛《あい》せるペット**です。ハムスターは種類《しゅるい》によって大《おお》きさがちがうので、どのくらい大《おお》きくなるかも選《えら》ぶときのポイントです。

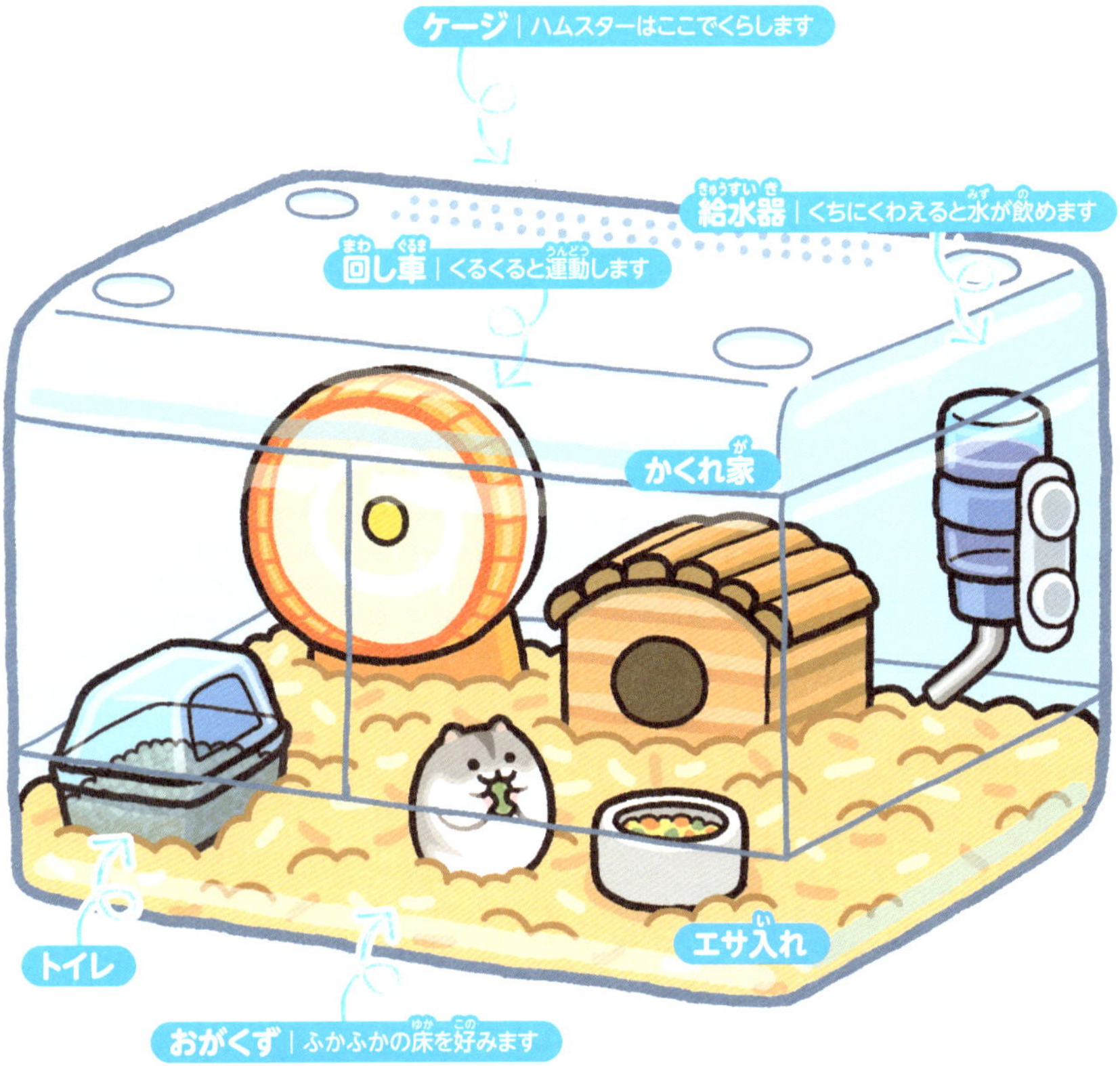
ケージ | ハムスターはここでくらします
給水器《きゅうすいき》 | くちにくわえると水《みず》が飲《の》めます
回《まわ》し車《ぐるま》 | くるくると運動《うんどう》します
かくれ家《が》
トイレ
エサ入《い》れ
おがくず | ふかふかの床《ゆか》を好《この》みます

参考初期費用《さんこうしょきひよう》 5000円《えん》〜15000円《えん》

ハムスターといっしょの生《せい》活《かつ》はふわふわ楽《たの》しい

DATE　/　/

えさを両手《りょうて》でもった！

えさをあげたら両手《りょうて》でもって食《た》べてくれた！　ちょっとずつだけど、もぐもぐ勢《いきお》いよく食《た》べるのがかわいい。ニンジンをあげたらよろこんでいたよ。ほどよいかたさが好《す》きみたい。ほかの野菜《やさい》もあげてみよう！

推《お》しポイント

ものをつかむ仕《し》草《ぐさ》は唯《ゆい》一《いつ》無《む》二《に》の愛《あい》らしさ

ハムスターは後《うし》ろあしで立《た》って、**ごはんを両手《りょうて》（前《まえ》あし）でもつことができます。**そしてもったまま歩《ある》き回《まわ》ることもできます。ペット界《かい》の王様《おうさま》たるネコやイヌでもできないことをやってのけるのです。両手《りょうて》がつかえることを応用《おうよう》して、なれてきたら飼《か》い主《ぬし》の指《ゆび》をちまっとつかむこともあり、**この動作《どうさ》は飼《か》い主《ぬし》の心《こころ》もがっつりつかんできます。**

手乗《ての》りでエサを食《た》べるジャンガリアンハムスター。

手《て》から落《お》とさないように気《き》をつけよう。

手《て》乗《の》りハムスターのころころ感《かん》は最高《さいこう》。

DATE　/　/

手《て》に乗《の》るとふわふわ！

最近《さいきん》はハムスターに手《て》を近《ちか》づけても嫌《いや》な顔《かお》をしなくなったよ。うちでのくらしになれてきたのかな？　手《て》に乗《の》るとすごくふわふわで、あたたかい！　ちょっとずつだけど、なかよくなれてよかった！

推《お》しポイント

大《おお》きさはさまざま 手《て》乗《の》りハムスター

多《おお》くのハムスターにはやわらかい冬《ふゆ》毛《げ》とかための夏毛《なつげ》があり、それぞれ秋《あき》〜冬《ふゆ》と春《はる》〜夏《なつ》に変化《へんか》します。このふわふわの毛《け》が、飼《か》い主《ぬし》に「**ふわふわな幸《しあわ》せ**」を与《あた》えてくれます。そう、ハムスターを飼《か》うなら一度《いちど》はやってみたくなるのが「**手《て》乗《の》りハムスター**」です。ハムスターはもともと臆病《おくびょう》な性格《せいかく》ですが、徐々《じょじょ》に人《ひと》の存在《そんざい》や手《て》にならすことで、コミュニケーションができるようになります。**注意《ちゅうい》したいのはハムスターの大《おお》きさ**。キンクマハムスターなど、大型《おおがた》は大人《おとな》でも少《すこ》し手《て》に余《あま》るくらいの大《おお》きさに育《そだ》ちます。手《て》乗《の》りをさせたいならジャンガリアンハムスターなどの小型《こがた》のハムスターを選《えら》ぶとよいでしょう。

飼《か》えばわかる
かわいさ!!

ふあっとおおきなあくび

かわいらしい口《くち》にも注目《ちゅうもく》。器用《きよう》に自分《じぶん》で水《みず》を飲《の》んだり、あくびをしたりする。

うんちはこんな感《かん》じであまり目立《めだ》たない。においは弱《よわ》い。

かわいらしいねがお

すやすやと寝《ね》る姿《すがた》は圧倒的《あっとうてき》なかわいさ。いつまでも見《み》ていられる。

せまいところが好《す》き

ついついせまいところに行《い》ってしまうハムスター。

注意《ちゅうい》すべきこと

小動物《しょうどうぶつ》は小動物《しょうどうぶつ》同士《どうし》おだやかなくらしを

イヌやネコに追《お》いかけられたり、ほえられたりすると、小《ちい》さなハムスターにとっては大《おお》きなストレス。**同居《どうきょ》はおすすめしません。**ケージ内《ない》でも**単独飼育《たんどくしいく》が望《のぞ》ましい**ですが、別々《べつべつ》のケージで違《ちが》うハムスターや他《ほか》の小《しょう》動物《どうぶつ》を飼《か》うことは可能《かのう》です。

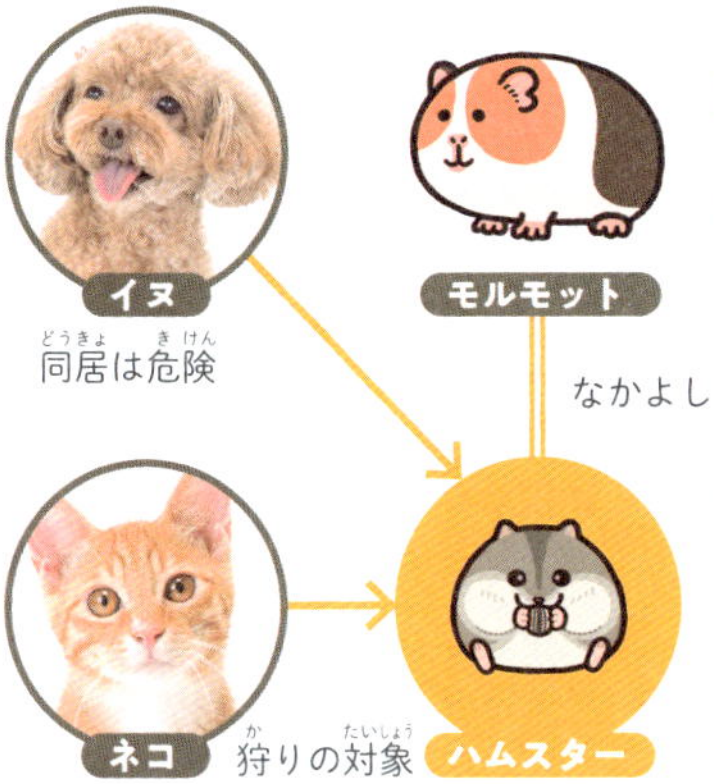
イヌ
同居《どうきょ》は危険《きけん》
モルモット
なかよし
ネコ
狩《か》りの対象《たいしょう》
ハムスター

まめちしき

ハムスターはなぜ夜《よる》に走《はし》り続《つづ》けるのか

ハムスターを飼育《しいく》するときに抑《おさ》えておきたいポイントは**「ハムスターは夜行性《やこうせい》」**ということです。飼《か》い主《ぬし》のライフサイクルになれて少《すこ》しずつ変《へん》化《か》する場合《ばあい》もありますが、基本的《きほんてき》には**日中《にっちゅう》は寝《ね》ている時間《じかん》がほとんどで、触《ふ》れ合《あ》うのは夕方《ゆうがた》～夜《よる》が中心《ちゅうしん》**です。また、夜《よる》～明《あ》け方《がた》ごろになるとカラカラと回《まわ》し車《くるま》を使《つか》って走《はし》り続《つづ》けるのもハムスターの特徴《とくちょう》。これは毎《まい》日《にち》のルーティーンで、健康《けんこう》な証拠《しょうこ》です。イヌで言《い》うところの毎日《まいにち》の散歩《さんぽ》のようなものですが、このハムスターの「夜遊《よあそ》び」は人間《にんげん》で換算《かんざん》するとフルマラソン2～4回分《かいぶん》となかなかハードな運動《うんどう》です。とはいえ、飼《か》い主《ぬし》が付《つ》き合《あ》わなくても**勝手《かって》に運動《うんどう》してくれるハムスター。**ちょっとくらいうるさくても我慢《がまん》してあげましょう。この運動《うんどう》はなぜ行《おこな》われるのか、それはハムスターは祖先《そせん》をたどれば野生動物《やせいどうぶつ》だからです。天敵《てんてき》にねらわれないために夜《よる》に移動《いどう》をしたり、エサを探《さが》していたりしていたので、その名残《なごり》から飼育下《しいくか》でもこのような行動《こうどう》をとります。

音《おと》が小《ちい》さく快適《かいてき》に運動《うんどう》できる回《まわ》し車《くるま》が理想《りそう》。ここにこだわる飼《か》い主《ぬし》も多《おお》い。

ハムスターの仲間《なかま》

◆15〜20cm
◆約《やく》150g

ゴールデンハムスター

古《ふる》くから親《した》しまれているおとなしい大型《おおがた》のハムスター。毛色《けいろ》はさまざまでオレンジと白《しろ》の混色《こんしょく》が一般的《いっぱんてき》。

キンクマハムスター

ゴールデンハムスターの改良《かいりょう》品種《ひんしゅ》で毛《け》の色《いろ》が単色《たんしょく》。大型《おおがた》ハムスターは寿命《じゅみょう》が２〜３年《ねん》と小型種《こがたしゅ》よりやや長《なが》め。

◆15〜20cm
◆約《やく》150g

◆約《やく》10cm
◆約《やく》150g

チャイニーズハムスター

体型《たいけい》がやや細長《ほそなが》い中型《ちゅうがた》のハムスター。おとなしい性格《せいかく》だが、動《うご》き回《まわ》るのが得意《とくい》ですばやい。大《おお》きなくりっとした目《め》が特徴的《とくちょうてき》。

にんき 1位《い》

◆ 6〜10㎝

◆ 20〜40g

ジャンガリアンハムスター

おとなしい性格《せいかく》で人《ひと》にも慣《な》れる、片《かた》手《て》に乗《の》るサイズの小型《こがた》ハムスター。毛色《けいろ》もさまざまで、近年人気《きんねんにんき》が高《たか》い。

◆ 6〜10㎝

◆ 20〜40g

キャンベルハムスター

外見《がいけん》はジャンガリアンハムスターとよく似《に》ているが、やや気《き》が荒《あら》く人《ひと》になれにくいと言《い》われる。

◆ 5〜7㎝

◆ 20〜30g

ロボロフスキーハムスター

この中《なか》で最《もっと》も小型《こがた》のハムスター。警《けい》戒心《かいしん》が強《つよ》く、人《ひと》になれにくい性格《せいかく》。すばやく動《うご》き回《まわ》る活発《かっぱつ》な一面《いちめん》も。

ハリネズミ

とげとげなのに
もふもふなやつ

おくびょうなので
丸《まる》くなることもある。
「たわし」じゃないよ
ハリネズミだよ

ハリネズミのトリセツ

1 なついてくれる？	根気《こんき》よく接《せっ》すればスキンシップも可能《かのう》に。
2 かかるお金《かね》は？	月《つき》3000〜5000円《えん》。室温維持《しつおんいじ》に電気代《でんきだい》も
3 なにを食《た》べる？	専用《せんよう》のえさ。昆虫《こんちゅう》、果物《くだもの》なども食《た》べます
4 いつまで一緒《いっしょ》？	4〜6年《ねん》ほどです
5 飼育《しいく》スペースは？	横《よこ》90cm×奥行《おくゆ》き60cmあるとうれしいです

推しポイント

小型《こがた》ペット界《かい》の新星《しんせい》ツンカワのかたまり

見《み》た目通《めどお》り、ハリがツンツンしています。そしてその**ハリが手《て》に刺《さ》さるとちゃんと痛《いた》い**です。でも、安心《あんしん》してください。ハリネズミはわかりやすくツンデレ。飼《か》い主《ぬし》に**なれてくれればハリを逆立《さかだ》てることもありませんし、手《て》からエサも食《た》べてくれます。**

基本的《きほんてき》にハリネズミはおくびょうで警戒心《けいかいしん》が強《つよ》いため、一緒《いっしょ》に遊《あそ》んだり、たくさん触《ふ》れ合《あ》ったりするのは難《むずか》しいです。**仲良《なかよ》くなるには時間《じかん》がかかるタイプ**ですね。でも、しっかり時《じ》間《かん》をかけてようやく心《こころ》を開《ひら》いてくれたらうれしさもひとしお。あなたもツンカワの虜《とりこ》になることは間違《まちが》いありません。

参考初期費用《さんこうしょきひよう》 15000円《えん》～35000円《えん》

きまぐれハリネズミとのメリハリのある生活《せいかつ》

DATE　/　/

部屋《へや》んぽしたよ！

ハリネズミがうちに来《き》てから半年《はんとし》。部屋《へや》の中《なか》で散歩《さんぽ》をするようになったよ！　カゴの中《なか》にいるときはわからなかったけど、ハリネズミって思《おも》っていたよりも走《はし》るのが速《はや》くてびっくりした！

推《お》しポイント

運動不足《うんどうぶそく》になりがち部屋《へ》《や》んぽで一石二鳥《いっせきにちょう》

小動物《しょうどうぶつ》は外《そと》に連《つ》れ出《だ》しにくい種《しゅ》も多《おお》いですよね。ハリネズミも**外《そと》に連《つ》れ出《だ》して散歩《さんぽ》をすることは難《むずか》しいペット**です。でも、いつも同《おな》じケージの中《なか》をぐるりぐるりとさせていると、マンネリ&運動不足《うんどうぶそく》になりがち。そんなときにちょうどよいのが部屋《へや》での散歩《さんぽ》、通称《つうしょう》**「部屋《へや》んぽ」**です。障《しょう》害物《がいぶつ》や誤飲《ごいん》する恐《おそ》れのあるものを取《と》り除《のぞ》いて部屋《へや》をきれいにしておけば、おうちや人《ひと》の存在《そんざい》になれたハリネズミなら、好奇心《こうきしん》のおもむくままに部屋《へや》を散歩《さんぽ》しはじめます。テンションが上《あ》がると、**ちょこちょこと短《みじか》いあしを動《うご》かしてかわいく走《はし》る姿《すがた》**も見《み》られますよ。

飼《か》い始《はじ》めのうちはかわいい寝姿《ねすがた》も遠《とお》くから見守《みまも》ろう。

なれてくれるまではこのようにハリを逆立《さかだ》てる。

DATE　/　/

手《て》に乗《の》って寝《ね》ちゃった！

はじめのころはわたしの手《て》を怖《こわ》がっていたのに、飼《か》い始《はじ》めてから1年《ねん》で、手《て》の上《うえ》に乗《の》って寝《ね》てくれるようになったよ！　毎日《まいにち》お世話《せわ》を続《つづ》けていてよかった〜！　これからも毎日《まいにち》ちゃんとかわいがろうっと。

推《お》しポイント

なつくかどうかは飼《か》い主《ぬし》の根気《こんき》次第《しだい》

どんな動物《どうぶつ》でも、飼育《しいく》を始《はじ》めてからなつくまでは大変《たいへん》です。それぞれの性格《せいかく》もありますし、動物《どうぶつ》にも機嫌《きげん》の良《よ》し悪《あ》しがあります。こうした人《ひと》へのなれやすさという点《てん》では、**ハリネズミはなかなか根気《こんき》が必要《ひつよう》なタイプ**のペットだということは覚《おぼ》えておきましょう。他《ほか》の小動物《しょうどうぶつ》、例《たと》えばウサギやハムスターなどと比《くら》べても、仲《なか》良《よ》くなるまでに時間《じかん》がかかります。「どのくらい時間《じかん》がかかるの？」という疑問《ぎもん》に答《こた》えはなく、1か月《げつ》、あるいは1年《ねん》かもしれません。**なれるまでなでるのを我慢《がまん》して、ハリネズミの快適《かいてき》な暮《く》らしをサポートする**のです。手《て》がかかるほど、なついたときの感動《かんどう》も大《おお》きいでしょう。

飼《か》えばわかるかわいさ!!

すみっこがお好《す》き

明《あか》るいところよりは暗《くら》いところを好《この》む傾向《けいこう》があるため、すみっこが大好《だいす》き。

赤《あか》ちゃんのあくび

赤《あか》ちゃんから飼《か》い始《はじ》めると、ハリが成長《せいちょう》していく様子《ようす》など、たくさんの変化《へんか》が楽《たの》しめる。

推しポイント

若《わか》いうちに飼育《しいく》してなついてもらう

ハリネズミをなつかせたいときには、**なるべく若《わか》いうちから飼育《しいく》する**方法《ほうほう》もあります。ハリネズミは多産《たさん》なため、赤《あか》ちゃんや少《すこ》し育《そだ》った子《こ》を目《め》にする機会《きかい》もあるでしょう。赤《あか》ちゃんを育《そだ》てるのは難《むずか》しいですが、少《すこ》し育《そだ》った子《こ》をお迎《むか》えするのは検討《けんとう》してみてもよいかもしれません。

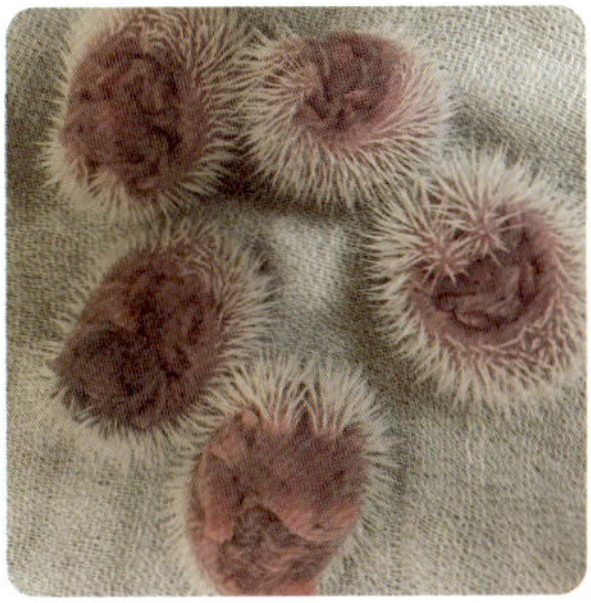

まだ生《う》まれて間《ま》もないハリネズミベビー。ハリの色《いろ》は成長《せいちょう》で変《か》わる。

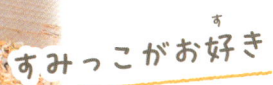

注意すべきこと

危《あぶ》ないのはむしろ好奇《こうき》心《しん》の強《つよ》いペット

ハリネズミは性格的《せいかくてき》に**大《おお》きな音《おと》をたてられたり触《さわ》られたりすることを嫌《きら》う**ため、そうしたペットはストレスになります。また、**ケージ内《ない》でも単《たん》独飼育《どくしいく》**が望《のぞ》ましく、1匹《ぴき》と深《ふか》く向《む》き合《あ》って過《す》ごすのがおすすめです。

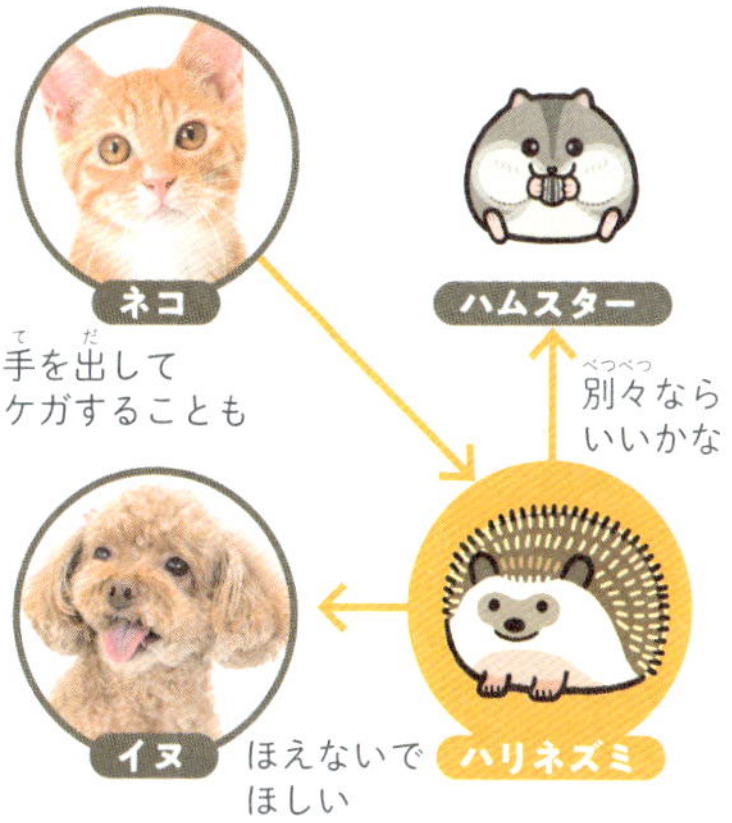
ネコ
手《て》を出《だ》して
ケガすることも
ハムスター
別々《べつべつ》なら
いいかな
イヌ
ほえないで
ほしい
ハリネズミ

まめちしき

ネズミなの？それともブタなの？

名前《なまえ》に「ネズミ」とありますが、ハリネズミはネズミではありません。顔《かお》のアップを見《み》るとブタのような鼻《はな》も目《め》に入《はい》ります。しかし、野生《やせい》では巣穴《すあな》でくらす生活《せいかつ》をするなど、実際《じっさい》に**近《ちか》い動物《どうぶつ》はモグラ**のようです。

確《たし》かにブタのようにも見《み》える鼻《はな》。

まめちしき

日本《にっぽん》で飼《か》えるのはヨツユビハリネズミ

ハリネズミは野生《やせい》ではアジア、アフリカ、ヨーロッパなどに生息《せいそく》していますが、日本《にっぽん》では外来生物《がいらいせいぶつ》として扱《あつか》われています。ペットとして飼育《しいく》ができるのはアフリカのサバンナでくらす**ヨツユビハリネズミ**のみです。

日本《にっぽん》でも飼育下《しいくか》から脱走《だっそう》し野生化《やせいか》したアムールハリネズミが一部地域《いちぶちいき》にいる。

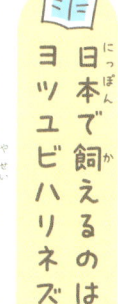

モルモット

プイッと鳴《な》く
ころっと丸《まる》いやつ

ごはんを食《た》べる
もそもそっとした
口元《くちもと》がなにより
かわいい!!

モルモットのトリセツ

1 なついてくれる？	なれればよくなつきます
2 かかるお金《かね》は？	月《つき》3000～5000円《えん》ほどですよ
3 なにを食《た》べる？	草《くさ》や野菜《やさい》。専用《せんよう》のえさもありますよ
4 いつまで一緒《いっしょ》？	5～8年《ねん》ほどです
5 飼育《しいく》スペースは？	横《よこ》80cm×奥行《おくゆ》き45cmほどです

推《お》しポイント

幸《しあわ》せにごはんを食《た》べ わたしたちも幸《しあわ》せに

モルモットは動物園《どうぶつえん》の「ふれあいコーナー」などでも見《み》ることができるため、そのかわいさを知《し》っている人《ひと》も多《おお》いでしょう。しかし、**その一《いっ》瞬《しゅん》だけではモルモットのかわいさは味《あじ》わいきれません。**モルモットが幼《おさな》いときによく見《み》せるポップコーンジャンプ（まあまあ勢《いきお》いよく飛《と》びます）や、飼《か》い主《ぬし》を呼《よ》ぶ「プイッ！」という鳴《な》き声《ごえ》、我《わ》が家《や》（ケージ）で安心《あんしん》しながらもそもそとご飯《はん》を食《た》べる姿《すがた》……これらは**モルモットをペットとしてお迎《むか》えしないと堪能《たんのう》することができません。**こうしたモルモットの奥深《おくぶか》さを味《あじ》わうことで、真《しん》の触《ふ》れ合《あ》いを感《かん》じられるでしょう。

ケージ｜モルモットはここでくらします
給水器《きゅうすいき》
かくれ家《が》
トイレ
エサ入《い》れ

参考初期費用《さんこうしょきひよう》 10000円《えん》～30000円《えん》

とろけるようなかわいさ もっともっとモルモット

DATE　/　/

迷子《まいご》のモルモット！

モルモットを部屋《へや》で散歩《さんぽ》させてたら、姿《すがた》が見《み》えなくなっちゃった！　すぐに見《み》つかるようなすき間《ま》にいたからよかったけど、注意《ちゅうい》しないといけないなあ。モルモットは運動《うんどう》ができてよかったみたい！

推《お》しポイント

好奇心《こうきしん》が強《つよ》すぎる！ モルモットの冒険癖《ぼうけんぐせ》

おくびょうでおとなしいモルモット。しかし、**好奇心《こうきしん》もある**ため「部《へ》屋《や》んぽ」になれてくると、思《おも》わぬところまで行《い》ってしまうことも！　そこそこ体《からだ》が大《おお》きいので見《み》つからなくなることはありませんが、目《め》を離《はな》してはいけないので注意《ちゅうい》が必要《ひつよう》です。

また、モルモットは**基本的《きほんてき》にはトイレを覚《おぼ》えませんし、ものをかじる習性《しゅうせい》がある**ため、部屋《へや》をきれいにしたうえで色々《いろいろ》な対策《たいさく》をしないと部屋《へや》んぽはできません。それでも、部屋《へや》になれて**機嫌《きげん》よくジャンプする姿《すがた》や、ケージの中《なか》では見《み》られない機敏《きびん》な姿《すがた》**が見《み》られるため、お互《たが》いの気分転換《きぶんてんかん》にはぴったりなイベントなのです。

慣《な》れてくると手渡《てわた》しでも食《た》べてくれます。

水《みず》は自分《じぶん》から飲《の》みにくることが多《おお》いです。

DATE / /

キュイッと鳴《な》いたよ！

うちのモルモットはおなかがすいたときに「キュイッ」と鳴《な》くんだよ。今日《きょう》も鳴《な》き声《ごえ》が聞《き》こえたから大好《だいす》きな草《くさ》をあげてみた！ちゃんと鳴《な》いてくれるから、エサが少《すく》ないのに気《き》がついてあげられてよかった〜。

推《お》しポイント

食《た》べて飲《の》んで鳴《な》いてつくしてしまう魅力《みりょく》

アニメで「プイッ」と鳴《な》く姿《すがた》が注目《ちゅうもく》を浴《あ》びたモルモット。**実《じつ》は鳴《な》き声《ごえ》は数種類《すうしゅるい》あります。**「キュイッ」「プイッ」「キューッ」など、エサが欲《ほ》しいとき、甘《あま》えるとき、あいさつのようなコミュニケーションなど、それが何《なに》を求《もと》める鳴《な》き声《ごえ》なのかはモルモットによって様々《さまざま》です。この**感情《かんじょう》表現《ひょうげん》はハムスターやウサギなどにはない特徴《とくちょう》**ですね。飼《か》い主《ぬし》にとっては「今日《きょう》は何《なに》を考《かんが》えているのかな？」と意思疎通《いしそつう》ができるうれしい時間《じかん》で、エサをあげて喜《よろこ》ぶ姿《すがた》を見《み》たら、「ああ、今日《きょう》はこの気分《きぶん》だったんだ」と答《こた》え合《あ》わせができてまたうれしくなります。**ご近所《きんじょ》に迷惑《めいわく》をかけるほどの鳴《な》き声《ごえ》ではない**ので、ご安心《あんしん》を。

飼《か》えばわかる
かわいさ!!

まんじゅうかな？

ハムスターのハムケツのように、まるっとしたモルケツもかわいい。しっぽがないのはモルモットの特徴《とくちょう》だ。

おやすみの時間《じかん》

ごはんを食《た》べたあとなど、ごろんと横《よこ》になるモルモットも。

なかよく触《ふ》れ合《あ》う

人《ひと》に慣《な》れやすく、触《ふ》れ合《あ》うことができるのがモルモットのよいところ。

オスとメスで飼育《しいく》すると繁殖《はんしょく》してしまうなど、基本《きほん》を学《まな》んで複数《ふくすう》飼育《しいく》に臨《のぞ》もう。

注意すべきこと

協調性《きょうちょうせい》のあるペット それがモルモット

モルモットは単独《たんどく》飼育《しいく》が好《この》ましいペットと違《ちが》って、**複数《ふくすう》飼育《しいく》ができるほど協調性《きょうちょうせい》の高《たか》いペット**です。飼育《しいく》が大変《たいへん》になりますが、気《き》の合《あ》うモルモット同士《どうし》が身《み》を寄《よ》せ合《あ》う様子《ようす》はとてもかわいいですよ。

まめちしき

様々《さまざま》な種類《しゅるい》からお気《き》に入《い》りを探《さが》そう

たくさんの種類《しゅるい》がいるモルモットですが、動物園《どうぶつえん》やペットショップでよく見《み》かけるのは「**イングリッシュ（ショートモルモット）**」と呼《よ》ばれる種《しゅ》です。種《しゅ》によって大《おお》きく異《こと》なるのは毛《け》の部分《ぶぶん》です。額《ひたい》のつむじがかわいいクレステッド、めずらしく毛《け》がないスキニーギニアピッグ、毛《け》が長《なが》いふさふさのペルビアン、巻《ま》き毛《げ》でくせっ毛《け》がかわいいテディなど様々《さまざま》です。モルモットには毛《け》が生《は》え換《か》わる時期《じき》があるため、ブラッシングの手間《てま》を考《かんが》えて選《えら》ぶこともできます。**どの種《しゅ》もカラーや毛色《けいろ》の模様《もよう》のパターンが豊富《ほうふ》**なので、自分《じぶん》だけのモルモットを選《えら》びましょう。

毛《け》がないスキニーギニアピッグ。

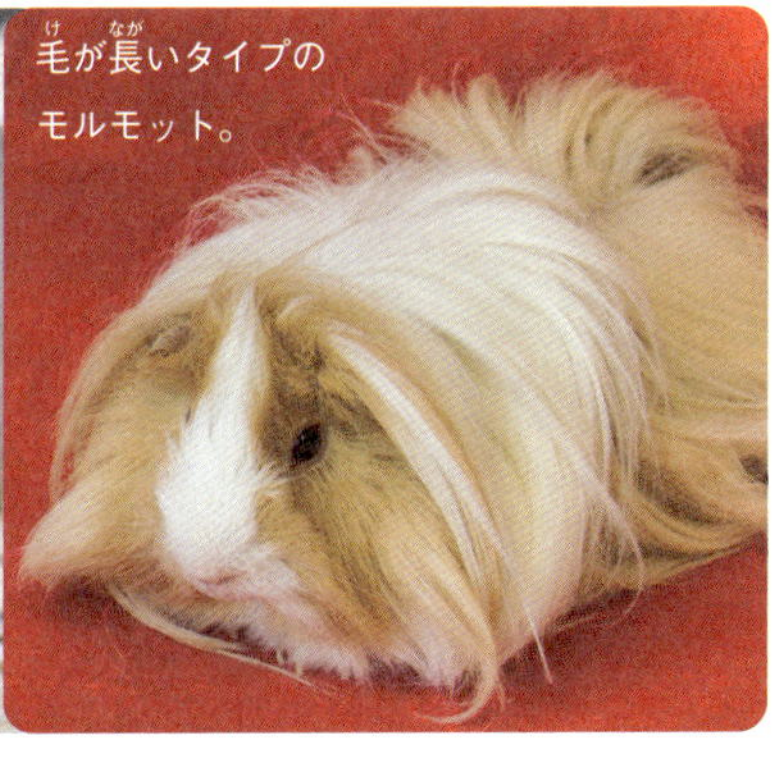

毛《け》が長《なが》いタイプのモルモット。

フェレット

やんちゃカワイイ
にぎやかペット

やんちゃで
わんぱく!!
動《うご》き回《まわ》って
にぎやか!!

フェレットのトリセツ

1	なついてくれる？	なつくというより遊《あそ》び相手《あいて》になります
2	かかるお金《かね》は？	月《つき》4000～6000円《えん》。予防接種《よぼうせっしゅ》も必要《ひつよう》
3	なにを食《た》べる？	人工《じんこう》のえさもありますが、肉類《にくるい》がお好《す》き
4	いつまで一緒《いっしょ》？	5～10年《ねん》ほどです
5	飼育《しいく》スペースは？	横《よこ》60cm×奥行《おくゆ》き60cmほどは欲《ほ》しいです

推《お》しポイント

とびきりにやんちゃだがそこがイイ！

フェレットの魅力《みりょく》はなんといっても**野性味《やせいみ》あふれるすばしっこさと、元《げん》気《き》な性格《せいかく》**です。もともとフェレットはイタチの仲間《なかま》。イタチは「小《ちい》さくてかわいい」という部分《ぶぶん》が注目《ちゅうもく》されがちですが、実《じつ》はかわいいだけではなく、**自分《じぶん》よりも大《おお》きな獲物《えもの》を襲《おそ》って食《た》べるパワフルな肉食動物《にくしょくどうぶつ》**の一面《いちめん》もあります。フェレットはその荒々《あらあら》しい部分《ぶぶん》がだいぶひかえめになっているため、人《ひと》になれれば**一緒《いっしょ》に遊《あそ》ぼうと甘《あま》えてきたり、歩《ある》くと後《うし》ろをついてきたり**と、かわいい姿《すがた》を見《み》せてくれます。一緒《いっしょ》に楽《たの》しく元気《げんき》に遊《あそ》べる甘《あま》えん坊《ぼう》。そう思《おも》えばわがままも愛《あい》らしく見《み》えてきますね。

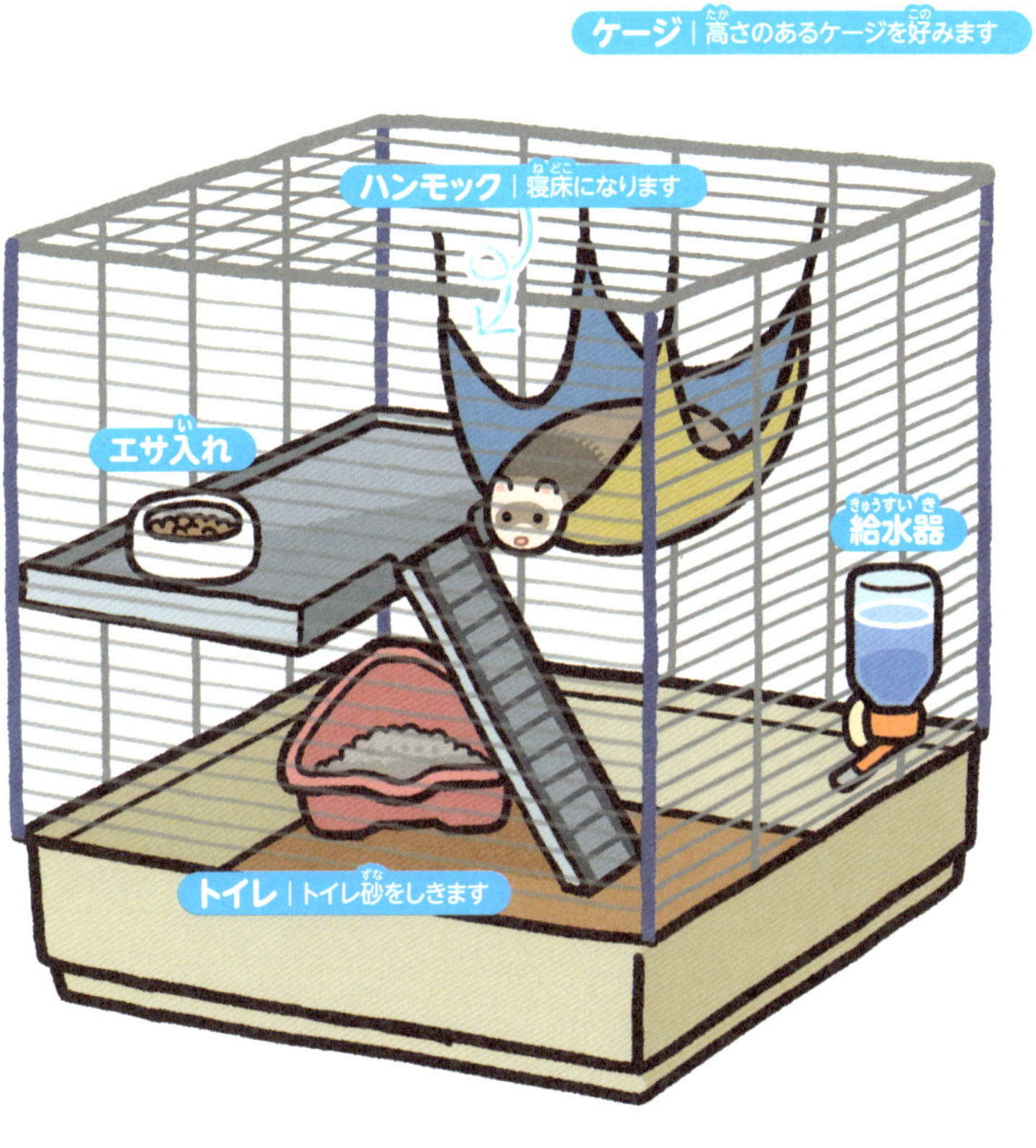
ケージ | 高《たか》さのあるケージを好《この》みます
ハンモック | 寝床《ねどこ》になります
エサ入《い》れ
給水器《きゅうすいき》
トイレ | トイレ砂《すな》をしきます

参考初期費用《さんこうしょきひよう》 60000円《えん》～100000円《えん》

野《や》性《せい》味《み》あふれた生《せい》活《かつ》で**フェレット**とともに運《うん》動《どう》だ

DATE　/　/

おもちゃで遊《あそ》んだよ！

今日《きょう》もフェレットとたくさん遊《あそ》んだよ！ぼくがおもちゃを投《な》げたら、ちゃんとひろってきてくれるんだ。そのあとに体《からだ》をなでてあげたら喜《よろこ》んでいたみたい。これからもフェレットと一緒《いっしょ》に遊《あそ》びたいな！

推《お》しポイント

運《うん》動《どう》をさせながら好《こう》奇《き》心《しん》を満《み》たすべし

フェレットはとてもかしこい動物《どうぶつ》でいろいろなものに興味《きょうみ》を示《しめ》すため、ボール状《じょう》のおもちゃや、猫《ねこ》じゃらしのような棒状《ぼうじょう》のおもちゃで「**遊《あそ》び**」**を楽《たの》しむ**ことができます。1日《にち》12時《じ》間寝《かんね》ることもある睡眠時間《すいみんじかん》の長《なが》い動《どう》物《ぶつ》ですが、ケージに入《い》れたまま飼《し》育《いく》するようなペットではありませんから、**飼《か》い主《ぬし》も遊《あそ》びに付《つ》き合《あ》う気《き》持《も》ちで迎《むか》えましょう。**また、ハーネスをつけて外《そと》で散《さん》歩《ぽ》をする飼《か》い主《ぬし》もいます。フェレットは土《つち》を掘《ほ》って穴《あな》をつくることも好《す》きなので、砂《すな》場《ば》での遊《あそ》びも喜《よろこ》びます。毎日《まいにち》コミュニケーションをとることで、運《うん》動《どう》不《ぶ》足《そく》を解《かい》消《しょう》しつつ絆《きずな》を深《ふか》められるのです。

飼《か》えばわかるかわいさ!!

眠《ねむ》る顔《かお》は天使《てんし》のよう

たくさん遊《あそ》べば眠《ねむ》くなる。フェレットは眠《ねむ》りの時間《じかん》も長《なが》いため、寝顔《ねがお》も楽《たの》しめる。

散歩《さんぽ》に行《い》くときには必《かなら》ずハーネスをつける。

のんびりお風呂《ふろ》タイム

清潔《せいけつ》な状態《じょうたい》を保《たも》つためにお風呂《ふろ》に入《い》れる時間《じかん》もつくろう。

推《お》しポイント

やんちゃな子《こ》どものようにケアが大切《たいせつ》

肉食性《にくしょくせい》が強《つよ》い動物《どうぶつ》は、体臭《たいしゅう》があることが多《おお》いです。ウサギやモルモットなどのペットと比較《ひかく》すると、フェレットを飼育《しいく》しているときにはにおいを感《かん》じることがあるでしょう。ペットショップなどで、**実際《じっさい》のフェレットを見《み》て、においを確認《かくにん》しておくことが大切《たいせつ》です。**においを抑《おさ》える方法《ほうほう》はいくつかあり、お風呂《ふろ》に入浴《にゅうよく》させる飼《か》い主《ぬし》もいます（毎日入浴《まいにちにゅうよく》させるわけではありません）。寝床《ねどこ》をこまめにきれいにしたり、ケージ内《ない》を清潔《せいけつ》に保《たも》ったり、少《すこ》し手《て》がかかりますが、そこは**わんぱくな子《こ》どものようなもの。「しょうがないなあ」**と優《やさ》しく見守《みまも》りましょう。

モモンガ（フクロモモンガ）

夜《よ》遊《あそ》び好《す》きな空《そら》を飛《と》ぶねぼすけ

落《お》ち着《つ》ける袋《ふくろ》の中《なか》が大好《だいす》き! ちらっと見《み》せる顔《かお》がキュート!!

モモンガのトリセツ

1	なついてくれる？	徐々《じょじょ》になれさせることでなつく
2	かかるお金《かね》は？	月《つき》3000〜5000円《えん》ほどです
3	なにを食《た》べる？	雑食《ざっしょく》で、人工《じんこう》のえさもあります
4	いつまで一緒《いっしょ》？	7〜10年《ねん》ほど。10年以上《ねんいじょうい》生きることも
5	飼育《しいく》スペースは？	横《よこ》60cm×奥行《おくゆ》き60cmほどは欲《ほ》しいです

推《お》しポイント

寝《ね》る子《こ》なのによく育《そだ》たない夜行性《やこうせい》

モモンガについて、はじめに知《し》っておきたいのはアメリカモモンガとフクロモモンガの違《ちが》いです。どちらも「モモンガ」ですが、アメリカモモンガはリスの仲間《なかま》で、輸入規制《ゆにゅうきせい》がかかっていて飼育《しいく》が難《むずか》しいペットです。一方《いっぽう》、この本《ほん》で紹介《しょうかい》するフクロモモンガはカンガルーなどの有袋類《ゆうたいるい》の仲間《なかま》で、**おくびょうさや独特《どくとく》のにおいがあるものの、飼《か》いやすいペット**です。夜行性《やこうせい》で寝《ね》ている時間《じかん》が長《なが》い「ねぼすけ」ですが、夜《よる》になると活発《かっぱつ》になり、**慣《な》れると人《ひと》の手《て》に乗《の》り指《ゆび》をつかむこともあります。**そんなかわいい、通称《つうしょう》「フクモモ」と夜遊《よあそ》びライフを楽《たの》しみましょう。

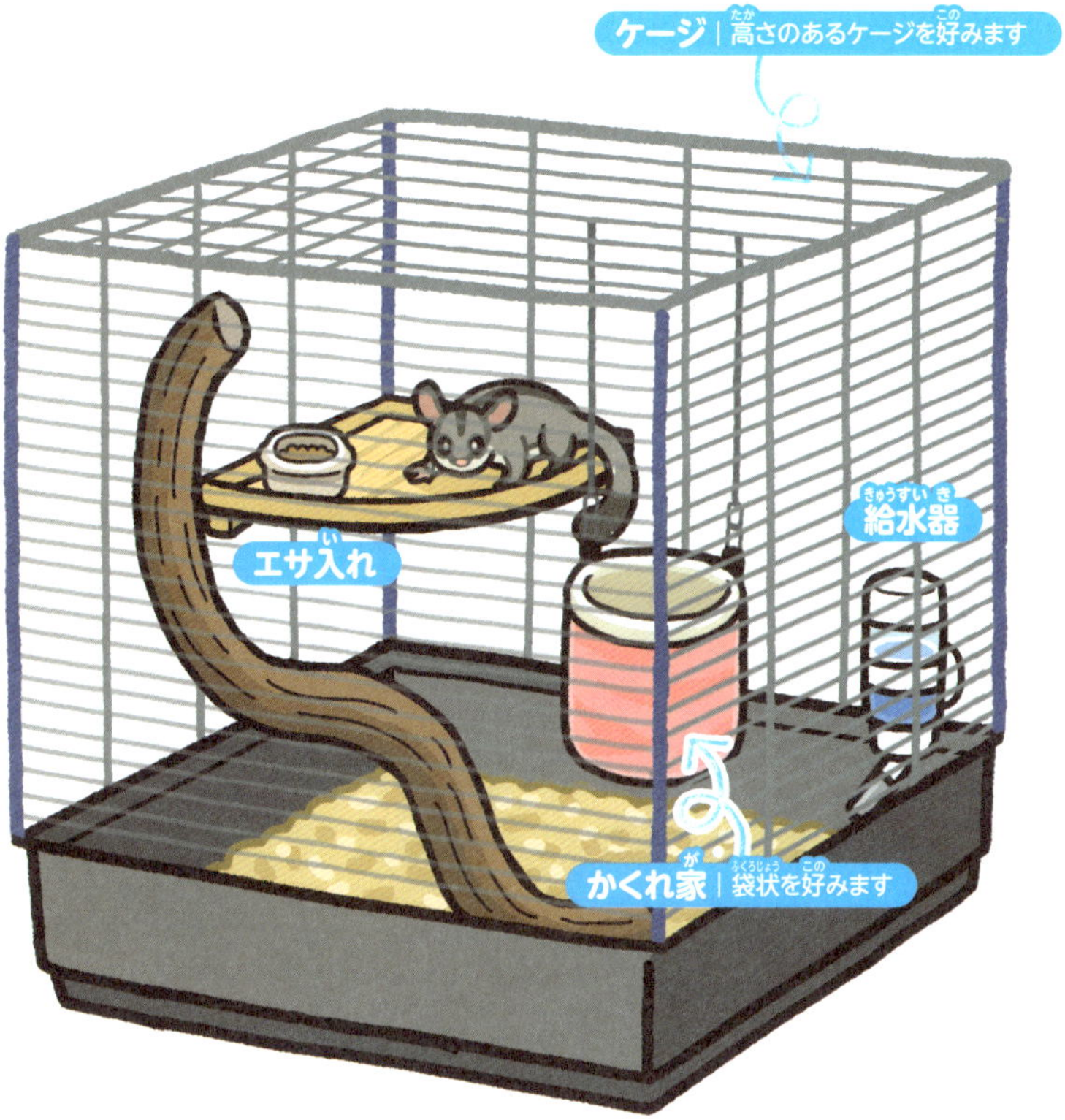
ケージ｜高《たか》さのあるケージを好《この》みます
給水器《きゅうすいき》
エサ入《い》れ
かくれ家《が》｜袋状《ふくろじょう》を好《この》みます

参考初期費用《さんこうしょきひよう》　15000円《えん》〜35000円《えん》

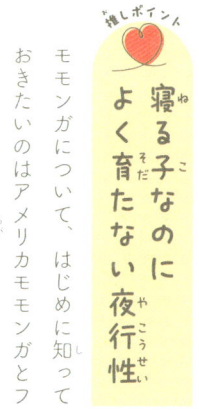

モモンガと過《す》ごす夜《よる》 毎《まい》晩《ばん》の楽《たの》しい遊《あそ》びの時《じ》間《かん》

DATE / /

飛《と》んできて手《て》に乗《の》った！

フクロモモンガがお父《とう》さんの手《て》から、こっちに向《む》かって飛《と》んできた！　いつもはそんなことをしないけど、こんなこともあるんだなあ。おどろいたけど、しっかり手《て》に乗《の》ってくれてよかった！

推《お》しポイント

警《け》戒《いかい》心《しん》が強《つよ》いけどなれるのがモモンガ

野生《やせい》では木《き》の上《うえ》でくらす、夜行性《やこうせい》の小《ちい》さなフクロモモンガ。お察《さっ》しの通《とお》り、**本来《ほんらい》は警戒心《けいかいしん》が強《つよ》くおくびょうな性格《せいかく》**をしています。それでも、飼《し》育環境《いくかんきょう》になれて家《いえ》の中《なか》には**危険《きけん》がないことをわかってくれれば、警戒《けいかい》をといてなつきはじめる**でしょう。フクロモモンガの仲間《なかま》は、木《き》から木《き》へと飛《と》び移《うつ》ってジャンプをする（滑空《かっくう》するため上《うえ》には飛《と》ばない）習性《しゅうせい》をもっています。飼育下《しいくか》ではあまりそのような行動《こうどう》はとりませんが、高《たか》いところにいるときに飼《か》い主《ぬし》に向《む》かってくることがときどきあります。そんな風《ふう》になついてくれたら、より一《いっ》層《そう》かわいくなってしまいますね。

飼《か》えばわかるかわいさ!!

つつまれるのが好《す》き

赤《あか》ちゃん時代《じだい》を思《おも》い出《だ》すのか、なにかに包《つつ》まれて過《す》ごすのが大好《だいす》き。

なつくと指《ゆび》につかまる

手《て》に乗《の》って指《ゆび》をつまんでつかまる姿《すがた》はかわいいの極《きわ》み。

推《お》しポイント

習性《しゅうせい》を利用《りよう》して……においを気《き》にする

飼《か》い主《ぬし》をめがけて飛《と》んでくるようなかわいいフクロモモンガですが、樹上生活《じゅじょうせいかつ》をする動物《どうぶつ》のため、**トイレを覚《おぼ》える習慣《しゅうかん》がない**（＝どこにでもうんちをしてしまう）ことは覚《おぼ》えておきましょう。また、においを気《き》にする動物《どうぶつ》なので、**マーキングをしたり、自分《じぶん》のすみかが不衛生《ふえいせい》だと調子《ちょうし》をくずしたりする**こともあります。しかし、そのにおいを気《き》にする習性《しゅうせい》を利用《りよう》して、飼《か》い主《ぬし》のにおいがついた布《ぬの》などを寝床《ねどこ》に置《お》くことで「このにおいは安全《あんぜん》なにおい！」と、なつきやすくなることもあります。**飼《か》い主《ぬし》のにおいをちゃんと覚《おぼ》えてなつく**のはなんともうれしいことですね。

シマリス

きまぐれかわいい野性《やせい》味《み》ある小悪魔《こあくま》

ほお袋《ぶくろ》に
ごはんを詰《つ》めて
パンパンになるのが
かわいらしい!!

シマリスのトリセツ

1	なついてくれる?	基本的《きほんてき》にはなついてくれません
2	かかるお金《かね》は?	月《つき》2000〜4000円程度《えんていど》
3	なにを食《た》べる?	木《き》の実《み》、種《たね》、野菜《やさい》、果物《くだもの》など
4	いつまで一緒《いっしょ》?	5〜10年《ねん》ほどです
5	飼育《しいく》スペースは?	横《よこ》45cm×奥行《おくゆ》き45cmほど。高《たか》さが欲《ほ》しい

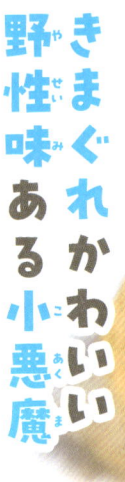

推《お》しポイント

すばやさとかわいさ ついてこられるか？

シマリスはこの章《しょう》のペットの中《なか》では、圧倒的《あっとうてき》に**なつきにくいペット**です。SNSで探《さが》すと、人《ひと》になついたシマリスの動画《どうが》も見《み》られますが、あれはなかなかのレアケース。名前《なまえ》を呼《よ》んだら来《き》てくれるとか、触《ふ》れ合《あ》ってなごむとか、そういう願望《がんぼう》は一度《いちど》忘《わす》れてください。そう、シマリスは野性的《やせいてき》でつれない動物《どうぶつ》……だがそこがいい！　その**すばやい動《うご》きや予想《よそう》もつかない行動《こうどう》に魅力《みりょく》がある**のです。そしてシンプルに見《み》た目《め》や動作《どうさ》がかわいいのもシマリスの魅力《みりょく》。高《たか》い運動能力《うんどうのうりょく》も、ほお袋《ぶくろ》にごはんを詰《つ》める姿《すがた》も、間近《まぢか》で独《ひと》り占《じ》めして見《み》られるのが飼《か》い主《ぬし》の特権《とっけん》なのです。

ケージ｜高《たか》さのあるケージを好《この》みます
給水器《きゅうすいき》
回《まわ》し車《ぐるま》｜くるくると運動《うんどう》します
かくれ家《が》
かじり木《き》｜歯《は》の伸《の》びすぎを防止《ぼうし》します
エサ入《い》れ

参考初期費用《さんこうしょきひよう》　10000円《えん》～20000円《えん》

すばやいけどふと止《と》まる それがシマリスチャンス

DATE　/　/

ほっぺを触《さわ》れたよ！

いつもすばしっこくて、全然触《ぜんぜんさわ》れないシマリス。でも、今日《きょう》はなんだか寝《ね》ぼけていたのか、ぼーっとして立《た》っていたから、そーっとほっぺをつついてみた！　ふわふわで柔《やわ》らかいほっぺだったよ！

推《お》しポイント

ストップ＆ゴー 動《うご》きに目《め》が離《はな》せない

とにかく運動《うんどう》が好《す》きなシマリス。昼《ちゅう》行性《こうせい》なので、日中《にっちゅう》はケージの中《なか》ですばやく動《うご》き回《まわ》る姿《すがた》が見《み》られます。この「すばやく」という特徴《とくちょう》は、飼育《しいく》するうえでは**良《よ》くも悪《わる》くも飼《か》い主《ぬし》をふりまわします。**じっとしている動《どう》物《ぶつ》よりもにぎやかで楽《たの》しいペットが好《す》きならば、**シマリスの活発《かっぱつ》さと、ときどき気《き》が抜《ぬ》けたように止《と》まるとぼけた姿《すがた》は愛嬌《あいきょう》たっぷり**にうつるでしょう。しかし、例《たと》えば部屋《へや》の中《なか》に飛《と》び出《だ》してしまうと、このすばやさが仇《あだ》となり、**捕《つか》まえてケージに戻《もど》すのは至難《しなん》の業《わざ》**です。この一長一短《いっちょういったん》を楽《たの》しめるか、それがシマリスとの生《せい》活《かつ》のポイントになるでしょう。

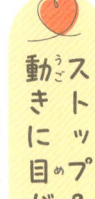

飼《か》えばわかる
かわいさ!!

夢中《むちゅう》でほおばる姿《すがた》

せわしなく動《うご》くシマリスも食事《しょくじ》のときは無防備《むぼうび》。かわいい姿《すがた》を楽《たの》しもう。

ちろちろと水《みず》を飲《の》む

小《ちい》さな口《くち》で水《みず》をちろちろと飲《の》む姿《すがた》もかわいらしい。

推しポイント

なれてくれるかはお互《たが》いの相性《あいしょう》次第《しだい》

シマリスの飼育《しいく》について調《しら》べると、「**タイガー期《き》（タイガー化《か》）**」という言葉《ことば》を目《め》にすると思《おも》います。これは、シマリスがとても荒々《あらあら》しくなる状態《じょうたい》のことを指《さ》します。シマリスは歯《は》が鋭《するど》いので、この激《はげ》しい状態《じょうたい》のときにうっかり指《ゆび》を出《だ》すと思《おも》わぬケガをするので要注意《ようちゅうい》です。もちろん、こうした気性《きしょう》の荒《あら》い姿《すがた》だけではなく、お気《き》に入《い》りのごはんをほお袋《ふくろ》に詰《つ》めてかくれ家《が》に持《も》ち帰《かえ》ったり、手《て》に乗《の》ったままごはんを食《た》べてくれたりと、**ご機嫌《きげん》な姿《すがた》も見《み》せてくれます。**基本《きほん》的《てき》にはなつきにくいシマリスですから、そんな瞬間《しゅんかん》が訪《おとず》れると感動《かんどう》することは間違《まちが》いありません。

デグー

なついてかしこい 歌《うた》うペット

人《ひと》なつっこく
かわいい笑顔《えがお》で
歌声《うたごえ》のような
鳴《な》き声《ごえ》も出《だ》すよ!!

デグーのトリセツ

1 なついてくれる？	よくなつきます
2 かかるお金《かね》は？	月《つき》3000～5000円《えん》ほど
3 なにを食《た》べる？	草《くさ》や野菜《やさい》。植物食《しょくぶつしょく》です
4 いつまで一緒《いっしょ》？	5～8年《ねん》ほどです
5 飼育《しいく》スペースは?	横《よこ》60cm×奥行《おくゆ》き45cmほどです

推《お》しポイント

高山《こうざん》からやってきた かしこき友人《ゆうじん》たち

デグーはもともと南米《なんべい》の高山《こうざん》で群《む》れでくらす動物《どうぶつ》で、モルモットやカピバラなどに近《ちか》い仲間《なかま》です。**砂浴《すなあ》び**という砂《すな》を体《からだ》にこする行動《こうどう》をしたり、自分《じぶん》のうんちを食《た》べてしまったり、少《すこ》し独特《どくとく》な部分《ぶぶん》もありますが、**協調《きょうちょう》性《せい》があって人《ひと》にもなつきやすい**ため、ペットとしてじわじわと人気上《にんきじょう》昇中《しょうちゅう》です。デグーを飼《か》っていると、小鳥《ことり》かな？　と思《おも》うような高《たか》い音《おと》で「ピーッ」と鳴《な》くなど、**歌《うた》うように何種類《なんしゅるい》もの鳴《な》き声《ごえ》を聞《き》かせてくれます。**この鳴《な》き声《ごえ》の豊富《ほうふ》さも飼育《しいく》するうえでの楽《たの》しみです。長《なが》い付《つ》き合《あ》いの中《なか》で、きっと気持《きも》ちを通《かよ》わせることができるでしょう。

飼《か》えばわかる かわいさ!!

なついた手乗《ての》りデグー

昼間《ひるま》に活発《かっぱつ》に動《うご》く。人《ひと》になつきやすく、手乗《ての》りもできる絶妙《ぜつみょう》なサイズ感《かん》。

エサを求《もと》めて鳴《な》く！

好《す》きなエサのにおいがすると、いつもの鳴《な》き声《ごえ》で催促《さいそく》することもある。

参考初期費用《さんこうしょきひよう》 15000円《えん》～35000円《えん》

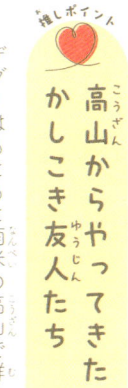

チンチラ

まるっとかわいい
お茶《ちゃ》目《め》なふわふわ

前《まえ》あしを
ちょんっとそろえて
こちらを見《み》る
立《た》ちすがた!!

チンチラのトリセツ

1	なついてくれる？	警戒心《けいかいしん》がなくなれば、よくなつきます
2	かかるお金《かね》は？	月《つき》3000～5000円《えん》ほど
3	なにを食《た》べる？	植物食《しょくぶつしょく》で、牧草《ぼくそう》を中心《ちゅうしん》に食《た》べます
4	いつまで一緒《いっしょ》？	8～12年《ねん》ほど。20年《ねんい》生きることも
5	飼育《しいく》スペースは？	横《よこ》60cm×奥行《おくゆ》き45cmほど。高《たか》さが欲《ほ》しい

推《お》しポイント

よく動《うご》き回《まわ》るかわいい丸耳《まるみみ》ちゃん

チンチラもデグーと同《おな》じく南米《なんべい》の高《こう》山《さん》でくらす動物《どうぶつ》で、砂浴《すなあ》びなど共通《きょうつう》する行動《こうどう》もあります。飼《か》い始《はじ》めは警《けい》戒心《かいしん》がありますが、なれると人《ひと》にもなつきやすいペットです。チンチラの特徴《とくちょう》はなんといっても**毛《け》の触《さわ》り心《ごこ》地《ち》**。細《ほそ》い毛《け》はとても密度《みつど》が高《たか》く、飼《か》い主《ぬし》の指先《ゆびさき》が埋《う》まるほどの**ふわふわで、極上《ごくじょう》の感覚《かんかく》**です。また、立《た》ち姿《すがた》になって両手《りょうて》（前《まえ》あし）を上手《じょうず》に使《つか》ってごはんを食《た》べたり、甘《あま》えたりしてくる姿《すがた》も見逃《みのが》せません。とても活発《かっぱつ》に動《うご》くため、砂《すな》やうんちが部屋《へや》に転《ころ》がったり、夜《よる》に大運動会《だいうんどうかい》をはじめたりしますが、**余《あま》りあるかわいさで補《おぎな》ってくれる存在《そんざい》**です。

飼《か》えばわかるかわいさ!!

おやすみのひととき

夜行性《やこうせい》で夜間《やかん》は活発《かっぱつ》に動《うご》き、昼間《ひるま》はよく眠《ねむ》っている。

両手《りょうて》でお遊《あそ》び

前《まえ》あしでものをつかんだり、エサをもって食《た》べたりする姿《すがた》がかわいい。

参考初期費用《さんこうしょきひよう》 35000円《えん》～55000円《えん》

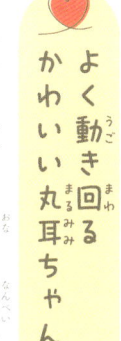

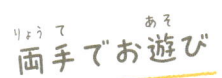

ペットもっとくわしく

増《ふ》え続《つづ》けているエキゾチックアニマル

まめちしき

イヌやネコ以外《いがい》のたくさんの飼育動物《しいくどうぶつ》

「エキゾチックアニマル」とは、イヌやネコをのぞく小動物《しょうどうぶつ》のペットのことを表《あらわ》す言葉《ことば》です。どの種《しゅ》までをそう呼《よ》ぶか、厳密《げんみつ》な定義《ていぎ》はありませんが、2000年代《ねんだい》からその種類《しゅるい》や、飼育頭数《しいくとうすう》が増《ふ》え続《つづ》けています。その人気《にんき》が高《たか》まっている理由《りゆう》のひとつは、**かかる費用《ひよう》がイヌやネコに比《くら》べて安《やす》いこと**です。近年《きんねん》の調査《ちょうさ》では、1年間《ねんかん》にかかるおおよその支出《ししゅつ》（病院《びょういん》での治療《ちりょう》や保険《ほけん》などにかかるお金《かね》を除《のぞ》いた支出《ししゅつ》）について、イヌは年間《ねんかん》20万円《まんえん》、ネコは年間《ねんかん》8万円《まんえん》に対《たい》して、フェレット7万円《まんえん》、ウサギ6万円《まんえん》、鳥《とり》は5万円《まんえん》、その他小動物《たしょうどうぶつ》は5万円程度《まんえんていど》とされています。

もうひとつは、世《よ》の中《なか》に情報《じょうほう》が増《ふ》えてきたことです。インターネット上《じょう》の情報《じょうほう》や、エキゾチックアニマルを扱《あつか》うイベントは年々《ねんねん》増《ふ》えています。**飼育《しいく》に関《かん》する情報《じょうほう》などはどんどん新《あたら》しくなっていくため、動物病院《どうぶつびょういん》やペットショップなど、信頼《しんらい》のおける情報《じょうほう》を得《え》られる環境《かんきょう》**が近《ちか》くにあるかどうかが、飼育《しいく》のポイントとなるでしょう。

まめちしき

飼《か》いたいペットを比《くら》べて選《えら》んでみよう

この章《しょう》で紹介《しょうかい》したもふもふペットたちはどの子《こ》もかわいく、選《えら》ぶのが大《たい》変《へん》。そんなあなたのために、かんたんな比較表《ひかくひょう》を作《つく》りました。並《なら》べてみると生体《せいたい》の価格《かかく》、トイレの覚《おぼ》え具《ぐ》合《あい》、なつき度《ど》など、それぞれ差《さ》があることがよくわかります。これらは目安《めやす》にはなりますが、**実際《じっさい》は種《しゅ》によっても差《さ》がありますし、それぞれのペットごとにも個性《こせい》があります。**いざ飼《か》ってみると、よくできる子《こ》もかわいいし、ちょっとおとぼけな子《こ》もそれはそれでかわいいものです。自分《じぶん》のペットの特徴《とくちょう》を理解《りかい》して、尊《そん》重《ちょう》して一緒《いっしょ》に過《す》ごせば、楽《たの》しいペットとの生活《せいかつ》になるでしょう。

		なつき度《ど》	寿命《じゅみょう》	トイレ※	生体《せいたい》の価格《かかく》	1か月《げつ》の費用《ひよう》
	ウサギ	★★★★★	5〜10年《ねん》	覚《おぼ》える〇	1万《まん》〜10万円《まんえん》	4000〜6000円《えん》
	ハムスター	★★★★	2〜3年《ねん》	おしっこは〇 うんちは×	1000〜5000円《えん》	3000〜5000円《えん》
	ハリネズミ	★★★	4〜6年《ねん》	覚《おぼ》える▲	1万《まん》〜3万円《まんえん》	3000〜5000円《えん》
	モルモット	★★★★★	5〜8年《ねん》	覚《おぼ》える▲	5000〜4万円《まんえん》	3000〜5000円《えん》
	フェレット	★★★	5〜10年《ねん》	覚《おぼ》える〇	5万《まん》〜12万円《まんえん》	4000〜6000円《えん》
	フクロモモンガ	★★★★	7〜10年《ねん》	覚《おぼ》えない×	1万《まん》〜8万円《まんえん》	3000〜5000円《えん》
	シマリス	★★	5〜10年《ねん》	覚《おぼ》えない×	5000〜1万円《まんえん》	2000〜4000円《えん》
	デグー	★★★★★	5〜8年《ねん》	おしっこは▲ うんちは×	1万《まん》〜3万円《まんえん》	3000〜5000円《えん》
	チンチラ	★★★★	8〜12年《ねん》	おしっこは〇 うんちは×	3万《まん》〜7万円《まんえん》	3000〜5000円《えん》

※〇=「覚《おぼ》えることが多《おお》い」、▲=「覚《おぼ》えることもある」、×=「ほとんど覚《おぼ》えない（絶対《ぜったい》に覚《おぼ》えないわけではない）」

2
色《いろ》とりどりの
ぱたぱたペット

フィンチ

インコ

ニワトリ

オウム

インコ

言葉《ことば》を覚《おぼ》える かわいい小鳥《ことり》

遊《あそ》び好《ず》きだったり
おっとりだったり、
おしゃべりや
音《おと》まねをする子《こ》も!

インコのトリセツ

1	なついてくれる?	種《しゅ》にもよりますがなつきます
2	かかるお金《かね》は?	月《つき》3000～5000円《えん》あればよいでしょう
3	なにを食《た》べる?	専用《せんよう》フードか穀物《こくもつ》のたね＋青菜《あおな》です
4	いつまで一緒《いっしょ》?	種《しゅ》によってさまざまで7～20年《ねん》ほど生《い》きます
5	飼育《しいく》スペースは?	幅《はば》35cm×奥行《おくゆ》き40cmは必要《ひつよう》でしょう

推しポイント

人生《じんせい》のパートナーにもなってくれる鳥《とり》

インコには様々《さまざま》な種《しゅ》がいますが、どれも元気《げんき》にさえずる姿《すがた》がかわいらしく、**じょうぶでなつきやすい**のが特徴《とくちょう》です。鳥《とり》は表情《ひょうじょう》が見《み》えにくいですが、実《じつ》はさびしがり屋《や》な子《こ》もいて、かまってあげたくなるキュートさもあります。**飼《か》い主《ぬし》の言葉《ことば》を覚《おぼ》えておしゃべりすることができるのもインコの魅力《みりょく》**で、愛《あい》される理由《りゆう》のひとつです。飼育《しいく》もむずかしくなく、寿命《じゅみょう》も長《なが》いので、よきペットに、よくなつけばコンパニオンバード（ペット以上《いじょう》の家族同然《かぞくどうぜん》の鳥《とり》）になってくれるでしょう。**インコは種《しゅ》によって大《おお》きさも様々《さまざま》**なので、部屋《へや》の広《ひろ》さを考《かんが》えて家族《かぞく》となる子《こ》を選《えら》びましょう。

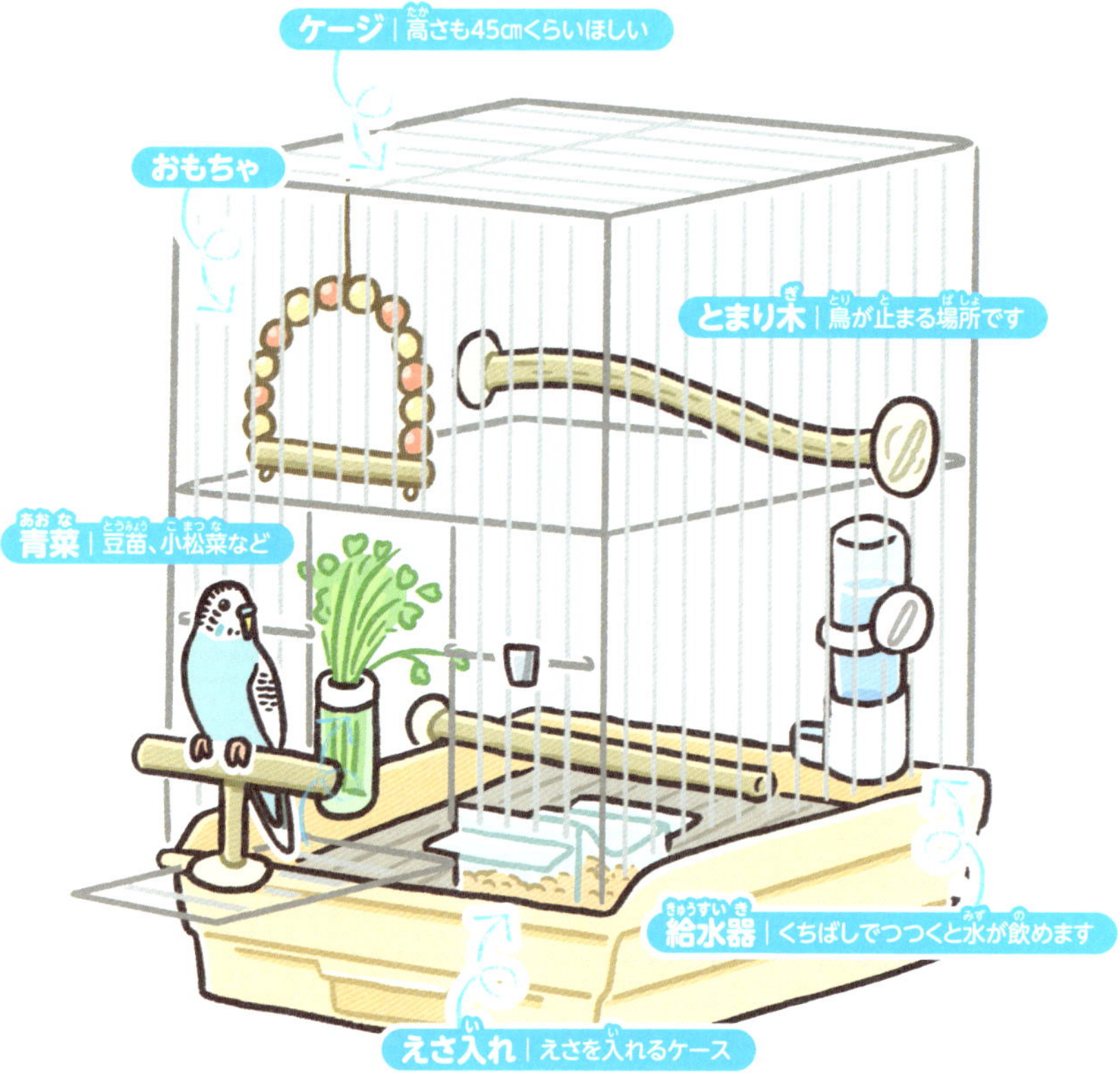
ケージ｜高《たか》さも45㎝くらいほしい
おもちゃ
とまり木《ぎ》｜鳥《とり》が止《と》まる場所《ばしょ》です
青菜《あおな》｜豆苗《とうみょう》、小松菜《こまつな》など
給水器《きゅうすいき》｜くちばしでつつくと水《みず》が飲《の》めます
えさ入《い》れ｜えさを入《い》れるケース

参考初期費用《さんこうしょきひよう》　10000円《えん》～25000円《えん》

元気《げん》気《き》いっぱいのインコと楽《たの》しいおしゃべりぐらし

DATE　/　/

名前《なまえ》をしゃべったよ！

インコが初《はじ》めて自分《じぶん》の名前《なまえ》をしゃべったよ！　名前《なまえ》を呼《よ》ぶとこっちを見《み》てたけど、わたしの声《こえ》を一生懸命《いっしょうけんめい》聞《き》いてたのかな？　これからもたくさん話《はな》しかけて、もっとおしゃべりしてくれるようになるといいな！

推《お》しポイント

聞《き》き上手《じょうず》だからおしゃべり上手《じょうず》なインコ

インコのなかでおしゃべり上手《じょうず》として有名《ゆうめい》なのがセキセイインコです。約《やく》２０００語《ご》を覚《おぼ》えたという記録《きろく》があるほど学習能力《がくしゅうのうりょく》が高《たか》く、**飼《か》い主《ぬし》が発《はっ》した言葉《ことば》を覚《おぼ》えて、たくさんおしゃべりしてくれます。**最初《さいしょ》に覚《おぼ》える言葉《ことば》はいちばん多《おお》く耳《みみ》にするためか「自分《じぶん》の名前《なまえ》」が多《おお》いようです。賢《かしこ》いインコたちですが、聞《き》いた言葉《ことば》をすぐに覚《おぼ》えてまねすることはできません。何度《なんど》も繰《く》り返《かえ》し聞《き》いて、しゃべる練習《れんしゅう》をすることで、ようやくしゃべれるようになります。そのため、**ときにゴニョゴニョとなにかをつぶやいて言葉《ことば》を練習《れんしゅう》している愛《あい》らしい姿《すがた》を見《み》ることができます。**

犬《いぬ》の鳴《な》き声《ごえ》を覚《おぼ》えることもある。

仲間同士《なかまどうし》でもよく鳴《な》いてコミュニケーションをとる。

DATE　/　/

いろんな音《おと》をまねするよ！

ことばだけじゃなくて物音《ものおと》をまねするんだね！ 今日《きょう》はスマートフォンのカメラのシャッター音《おん》もまねしていたよ。上手《じょうず》でおどろいた！ でも、どうしてインコはものまねをするんだろう？

推《お》しポイント

おしゃべりするのは、仲良《なかよ》くしたいから

周囲《しゅうい》の音《おと》や人間《にんげん》の声《こえ》をまねするインコ。ある研究《けんきゅう》によると、インコはほかのインコのグループが話《はな》す鳴《な》き声《ごえ》をまねするそうです。人間《にんげん》で例《たと》えれば、「方言《ほうげん》」をまねして、コミュニケーションをとるようなものです。このことから、飼育《しいく》されているインコが**飼《か》い主《ぬし》や家族《かぞく》の言葉《ことば》をまねするのは、仲良《なかよ》くしようとしているから**だといわれています。もちろん個性《こせい》がありますから、よくしゃべる子《こ》もいればしゃべらない子《こ》もいます。また、性別《せいべつ》によっても違《ちが》い、例《たと》えばセキセイインコでは、**オスは上手《じょうず》にしゃべりますが、メスはあまりしゃべりません。**また、複数《ふくすう》より単独《たんどく》で飼《か》う方《ほう》がよくしゃべる傾向《けいこう》にあります。

飼《か》えばわかるかわいさ!!

水浴《みずあ》びや毛《け》づくろいする姿《すがた》

インコやオウムは体《からだ》をきれいにたもつために水浴《みずあ》びが必須《ひっす》。

スキンシップが好《す》き

飼《か》い主《ぬし》とのコミュニケーションが大好《だいす》きなインコは、自分《じぶん》からなでてもらいにくることも。

手《て》につつまれて幸《しあわ》せインコ

飼《か》い主《ぬし》との関係《かんけい》が深《ふか》くなればこれほどなつく。手《て》につつまれてご満悦《まんえつ》。

まめちしき

さまざまな鳴《な》き声《ごえ》をつかいわけるインコ

インコはさまざまな鳴《な》き声《ごえ》を使《つか》います。セキセイインコを例《れい》にすると、「ピュロロ」とさえずって鳴《な》くのは、オスが求愛《きゅうあい》するときや縄張《なわば》りを主張《しゅちょう》するとき。驚《おどろ》いたときやお腹《なか》がすいたアピールをするときは「地鳴《じな》き」とよばれる声《こえ》で「ピッ」と鳴《な》き、さびしくて**仲間《なかま》や飼《か》い主《ぬし》を呼《よ》ぶときは「呼《よ》び鳴《な》き」で「ピーピー！」と大《おお》きめの音量《おんりょう》で鳴《な》きます。**

注意すべきこと

「放鳥《ほうちょう》」するときは脱走《だっそう》に気《き》をつけて！

ずっとケージの中《なか》にいると運動不足《うんどうぶそく》やストレスの原因《げんいん》になるので、1日《にち》のどこかで時間《じかん》を決《き》めて、ケージから出《だ》して室内《しつない》を飛《と》ばせる「放鳥《ほうちょう》」をすることも大切《たいせつ》です。ただし、窓《まど》が少《すこ》しでも開《あ》いていれば**そこから逃《に》げてしまうこともあるので、戸締《とじ》まりには気《き》をつけましょう。**また、窓《まど》ガラスにぶつからないようにカーテンも閉《し》めておきましょう。

推《お》しポイント

クセになるにおいは「インコ臭《しゅう》」

布団《ふとん》を干《ほ》したにおい、ナッツのにおい、太陽《たいよう》を浴《あ》びた干《ほ》し草《くさ》のようなにおい……など、インコには独特《どくとく》のにおいがする場合《ばあい》があります。これは**「インコ臭《しゅう》」**と呼《よ》ばれていて、まったくにおいがしない個体《こたい》もいて、種《しゅ》によってもにおいがちがいます。そんな個性《こせい》もかわいらしいですね。

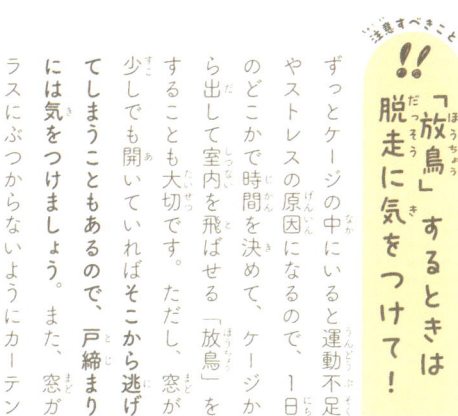

インコの仲《なか》間《ま》

◆約《やく》19 ～23㎝
◆約《やく》35 ～50g

セキセイインコ

一番人気《いちばんにんき》の小型《こがた》インコ。カラーバリエーションが豊富《ほうふ》で丈夫《じょうぶ》で飼《か》いやすく、好奇心旺盛《こうきしんおうせい》で人《ひと》なつっこい。

にんき 1位《い》

マーブル模様《もよう》の個体《こたい》もいる。

色違《いろちが》いで飼《か》うのもよい。

◆約《やく》15㎝
◆約《やく》50g

コザクラインコ

野生《やせい》ではアフリカ南西《なんせい》部《ぶ》の半砂漠地域《はんさばくちいき》にくらす。パートナーと見《み》なした相手《あいて》への愛情《あいじょう》が強《つよ》いことから「ラブバード」と呼《よ》ばれる。

◆約《やく》15cm
◆約《やく》35～50g

ボタンインコ

おしゃべりは得意《とくい》ではないが、人《ひと》によくなれる。他《ほか》の種《しゅ》の鳥《とり》に対《たい》して攻撃的《こうげきてき》になることが多《おお》く、混合飼育《こんごうしいく》には向《む》かない。

アキクサインコ

派手《はで》な色味《いろみ》ではないが、丈夫《じょうぶ》で飼育《しいく》しやすい。静《しず》かでおとなしい性格《せいかく》なのも人気《にんき》のポイント。

◆約《やく》21～23cm
◆約《やく》40～50g

◆約《やく》12～13cm
◆約《やく》30～35g

マメルリハ

グリーンが美《うつく》しい小型《こがた》インコ。性格《せいかく》は活発《かっぱつ》で自由気《じゆうき》ままだが、飼《か》い主《ぬし》の肩《かた》に乗《の》って遊《あそ》ぶほどなつく。

オウム

かしこくって
おしゃべり上手《じょうず》

体《からだ》も大《おお》きく
寿命《じゅみょう》も長《なが》い
コンパニオンバード
として人気《にんき》!

オウムのトリセツ

1	なついてくれる？	成鳥《せいちょう》からでもなついてくれます
2	かかるお金《かね》は？	月《つき》3000～5000円《えん》。生体《せいたい》は高額《こうがく》です。
3	なにを食《た》べる？	専用《せんよう》フードか穀物《こくもつ》のたね＋青菜《あおな》でOK
4	いつまで一緒《いっしょ》？	長《なが》ければ60年《ねん》生きることも
5	飼育《しいく》スペースは？	たてよこ45cm以上《いじょう》はほしいです

推しポイント

人《ひと》なつっこく遊《あそ》びが好《す》きなオウム

インコとよく似《に》て、**オウムも人《ひと》になつきやすく遊《あそ》びが好《す》きな子《こ》が多《おお》い鳥《とり》**です。それもそのはず、オウムとインコは、オウム目《もく》という同《おな》じグループの鳥《とり》なのです。ふつう、オウムはインコにくらべて体《からだ》が大《おお》きく、大型《おおがた》のものでは全長《ぜんちょう》50cmを超《こ》えます。また、寿命《じゅみょう》が長《なが》く、小型《こがた》でも15～20年《ねん》、大型《おおがた》のものでは60年《ねん》以上《いじょう》も生《い》きる場合《ばあい》があります。むくむくとした大《おお》きな体《からだ》で存在感《そんざいかん》がありかわいらしいのですが、もうひとつの**チャームポイントは頭《あたま》についた「冠羽《かんう》（頭《あたま》の羽根《はね》）」です。**寝癖《ねぐせ》のような、癖《くせ》っ毛《け》のような、このピョコンとした冠《かん》羽《う》に注目《ちゅうもく》してみてください。

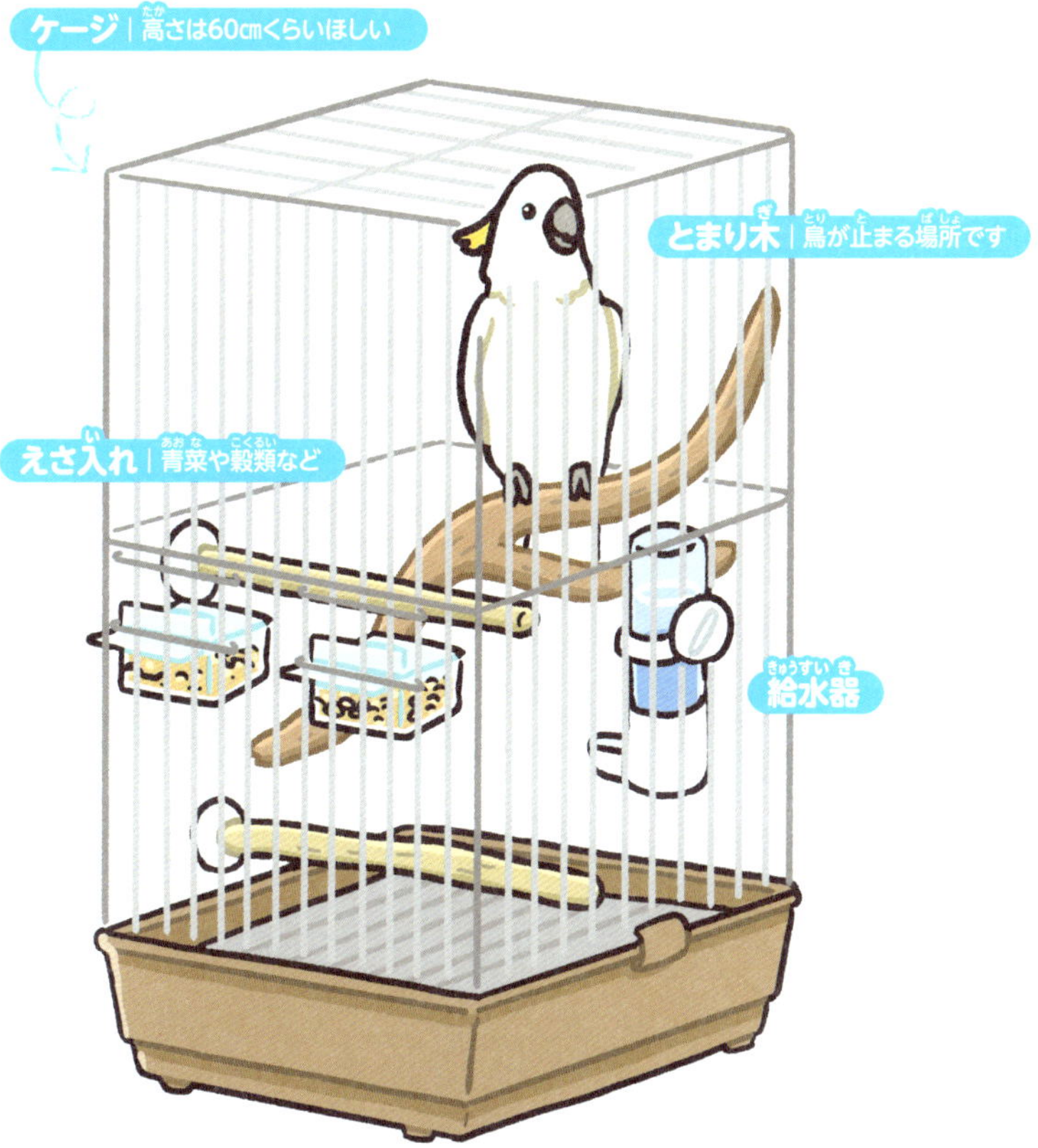
ケージ｜高《たか》さは60cmくらいほしい
とまり木《ぎ》｜鳥《とり》が止《と》まる場所《ばしょ》です
えさ入《い》れ｜青菜《あおな》や穀類《こくるい》など
給水器《きゅうすいき》

参考初期費用《さんこうしょきひよう》 300000円《えん》～800000円《えん》（キバタンなどの大型《おおがた》のオウムはとても高額《こうがく》です）

甘《あま》えモードのオウムとの共《きょう》同《どう》生《せい》活《かつ》を楽《たの》しく遊《あそ》ぶ

DATE　/　/

甘《あま》えモードに突入《とつにゅう》！

うちのオウムはなでられるのが大好《だいす》きみたい。今日《きょう》もたくさんなでてあげたよ。「もっとなでて〜」って甘《あま》えてくるときもあるし、なでられているときのオウムの幸《しあわ》せそうな顔《かお》もたまらなくかわいいね！

推《お》しポイント

スキンシップ大好《だいす》き　甘《あま》えたがりが多《おお》い

オウムたちにとって、**飼《か》い主《ぬし》とのスキンシップは欠《か》かせません。特《とく》になでてもらうのが大好《だいす》きで**、自分《じぶん》から頭《あたま》を差《さ》し出《だ》して「なでて！」と、おねだりをすることもあり、その姿《すがた》はたまらなく愛《あい》くるしいです。こうした人《ひと》なつっこさと甘《あま》えん坊《ぼう》な性格《せいかく》で、コンパニオンバードとして人気《にんき》を集《あつ》めています。愛情《あいじょう》を欲《ほ》しがりすぎるあまり、**かまってあげないとストレスを感《かん》じて体調《たいちょう》をくずすこともある**ほどです。そんな甘《あま》えたがりもいるので、オウムを飼《か》う際《さい》にはしっかりとコミュニケーションの時間《じかん》をとって、たくさん愛情《あいじょう》をかけてあげるようにしましょう。

水遊《みずあそ》び中《ちゅう》。水遊《みずあそ》びしない個《こ》体《たい》もいます。

マイクスタンドをフガフガして遊《あそ》び中《ちゅう》。

DATE　/　/

おもちゃで遊《あそ》んだよ！

今日《きょう》は水遊《みずあそ》びさせたり、おもちゃ遊《あそ》びをさせたりしていたよ。オウムたちって本当《ほんとう》に遊《あそ》ぶのが好《す》きなんだね。退屈《たいくつ》がキライっていう気持《きも》ちはわかるなあ。体《からだ》を動《うご》かさないとなまっちゃうもんね！

推《お》しポイント

おもちゃも使《つか》える！　遊《あそ》ぶ姿《すがた》もかわいい！

遊《あそ》び好《ず》きのオウムは、長《なが》くくらすと水遊《みずあそ》びやおもちゃ遊《あそ》びなど、**たくさんの遊《あそ》びを覚《おぼ》えてくれます。**水遊《みずあそ》びはストレス解消《かいしょう》以外《いがい》にも、体《からだ》の汚《よご》れや細菌《さいきん》などを洗《あら》い流《なが》す効果《こうか》もあります。おもちゃは、輪投《わな》げ（投《な》げるわけではなく、くわえます）や積《つ》み木《き》などを使《つか》って遊《あそ》びます。手作《てづく》りのものでもいいので、木《き》や革《かわ》、紙《かみ》などでできた、**オウムがかんでも安全《あんぜん》な素材《そざい》**がよいでしょう。また、人間《にんげん》や他《ほか》のペットとじゃれ合《あ》うように遊《あそ》ぶこともします。オウムは飼《か》い主《ぬし》のことをよく観察《かんさつ》しているので、こちらが飛《と》び跳《は》ねた動《うご》きに合《あ》わせて踊《おど》るような仕草《しぐさ》をするなど、毎日楽《まいにちたの》しく過《す》ごすことができるはずです。

あしを器用《きよう》に使《つか》う

じつはあしを使《つか》うのがとくいなオウム。果実《かじつ》だってこの通《とお》り。

首元《くびもと》をなでられて幸《しあわ》せいっぱい。

まるで手《て》のようにあしを使《つか》う姿《すがた》もオウムの魅力《みりょく》。

ひっくりかえった？

オウムはなでられるのが大好《だいす》き。あまりの気持《きも》ちよさにひっくりかえっているようす。

腕《うで》乗《の》りオウム

オウムも人《ひと》になれればすんなりと腕《うで》に乗《の》る。

注意すべきこと

鳴《な》き声《ごえ》とクチバシに注意《ちゅうい》が必要《ひつよう》

一般的《いっぱんてき》に、オウムは「おたけび」とよばれる声《こえ》を出《だ》すことがしばしばあります。**「ギャーギャー！」とさけぶ声《こえ》の音量《おんりょう》はかなり大《おお》きく、**種《しゅ》によっては「山《やま》ひとつ向《む》こうまで聞《き》こえる」と形容《けいよう》されるほどで、集合住《しゅうごうじゅう》宅《たく》での飼育《しいく》はむずかしいです。飼《か》う場合《ばあい》は、飼育《しいく》スペースの壁《かべ》に防音材《ぼうおんざい》をつけたり、防音《ぼうおん》カーテンをしたり、防音《ぼうおん》アクリルケージを設置《せっち》するといった**防音対策《ぼうおんたいさく》が必要《ひつよう》です**。また、中型《ちゅうがた》や大型《おおがた》のオウムになるほど、クチバシの力《ちから》は強力《きょうりょく》です。飼《か》い主《ぬし》になれていると甘《あま》がみする程度《ていど》ですが、強《つよ》くかまれると流血《りゅうけつ》することもあるので注意《ちゅうい》しましょう。

注意すべきこと

オウム病《びょう》について知《し》っておこう

オウム病《びょう》とは人獣共通感染症《じんじゅうきょうつうかんせんしょう》の一種《いっしゅ》です。名前《なまえ》にオウムとついていますが、オウムだけでなく、インコやハトなどの鳥《とり》や小動物《しょうどうぶつ》から人間《にんげん》に感染《かんせん》する病気《びょうき》です。感染《かんせん》するおもな原因《げんいん》は、病気《びょうき》になった鳥《とり》のフンからの病《びょう》原体《げんたい》を吸《す》い込《こ》むパターンですが、まれに、かまれたり口《くち》うつしでえさをあたえたりして感染《かんせん》することもあります。感染《かんせん》すると、1～2週間《しゅうかん》ほどで高熱《こうねつ》やせきといった、かぜに似《に》た症状《しょうじょう》が出《で》ます。ケージ内《ない》の羽《はね》やフンをこまめにきれいにして飼育環境《しいくかんきょう》を清潔《せいけつ》にたもったり、鳥《とり》の世話《せわ》をしたあとに手洗《てあら》いうがいをしたりするなど、しっかりと予防《よぼう》することが大切《たいせつ》です。**日本《にっぽん》では年間数件《ねんかんすうけん》ほどの事例《じれい》しかない病気《びょうき》です**が、知《し》っておくとよいでしょう。

オウムの仲《なか》間《ま》

にんき 1位《い》

キバタン

知能《ちのう》が高《たか》くおしゃべりが得意《とくい》で、コンパニオンバードとして人気《にんき》。寿命《じゅみょう》は長《なが》く、飼育下《しいくか》では50年《ねん》ほど生《い》きる。おたけびの音量《おんりょう》に要注意《ようちゅうい》。

◆約《やく》50cm
◆約《やく》880g

◆約《やく》35～38cm
◆約《やく》350g

モモイロインコ

名前《なまえ》にインコとつくが、オウムの仲《なか》間《ま》。太《ふと》りやすいので、バランスのよい食事《しょくじ》が大切《たいせつ》。

オウムのようなインコの仲間《なかま》

◆約《やく》32㎝
◆約《やく》90 ～120g

オカメインコ

人気《にんき》のある小型《こかた》のオウム。性格《せいかく》は比較的《ひかくてき》おとなしい。闘争心《とうそうしん》も低《ひく》く、他《ほか》の種《しゅ》の小鳥《ことり》と一緒《いっしょ》でも飼育《しいく》しやすい。

◆約《やく》30 ～ 100㎝
◆約《やく》130 ～1700g

コンゴウインコ

色鮮《いろあざ》やかで美《うつく》しい体色《たいしょく》が特徴《とくちょう》。つがいになると一生《いっしょう》を添《そ》い遂《と》げ、繁殖《はんしょく》のほか、羽《はね》づくろいし合《あ》ったりする。

ヨウム

コンパニオンバードとして抜群《ばつぐん》の人《にん》気《き》を誇《ほこ》る。知能《ちのう》が高《たか》く、ものまねだけでなく会話《かいわ》ができる個体《こたい》もいる。

◆約《やく》33㎝
◆約《やく》400g

フィンチ

まんまるでぴょんぴょんはねる

ころころと首《くび》をひねってかわいい仕草《しぐさ》で甘《あま》えてくる!!

フィンチのトリセツ

1	なついてくれる？	種《しゅ》にもよりますが、比較的《ひかくてき》飼《か》いやすいです
2	かかるお金《かね》は？	月《つき》3000～5000円《えん》程度《ていど》です
3	なにを食《た》べる？	フィンチ専用《せんよう》の混合《こんごう》フードを主食《しゅしょく》にしましょう
4	いつまで一緒《いっしょ》？	5年《ねん》ほど。種《しゅ》によっては10年《ねん》近《ちか》く生《い》きることも
5	飼育《しいく》スペースは？	45cm四方《しほう》ほどの大《おお》きさがあれば○

推《お》しポイント

小柄《こがら》で飼《か》いやすく 見《み》てよし聞《き》いてよし

フィンチとは、スズメ型《がた》の小鳥《ことり》を指《さ》します。**美《うつく》しいさえずりや豊《ゆた》かなカラーバリエーション、ピョンピョンと飛《と》びはねて移動《いどう》する姿《すがた》が魅力《みりょく》**です。飼育《しいく》しやすく、小柄《こがら》ながらもじょうぶでなつきやすいことから、ペットとして人気《にんき》があり、ブンチョウやジュウシマツ、キンカチョウなどのフィンチが特《とく》に人気《にんき》です。フィンチは、そのさえずりを聞《き》いたりきれいな羽根《はね》を見《み》て楽《たの》しんだりする飼《か》い主《ぬし》が多《おお》いですが、**よくなれてくると、スキンシップを取《と》って楽《たの》しむこともできます。**名前《なまえ》を呼《よ》ぶと、こちらに飛《と》んできて手乗《ての》りすることもあり、かわいい姿《すがた》を間近《まぢか》で楽《たの》しめます。

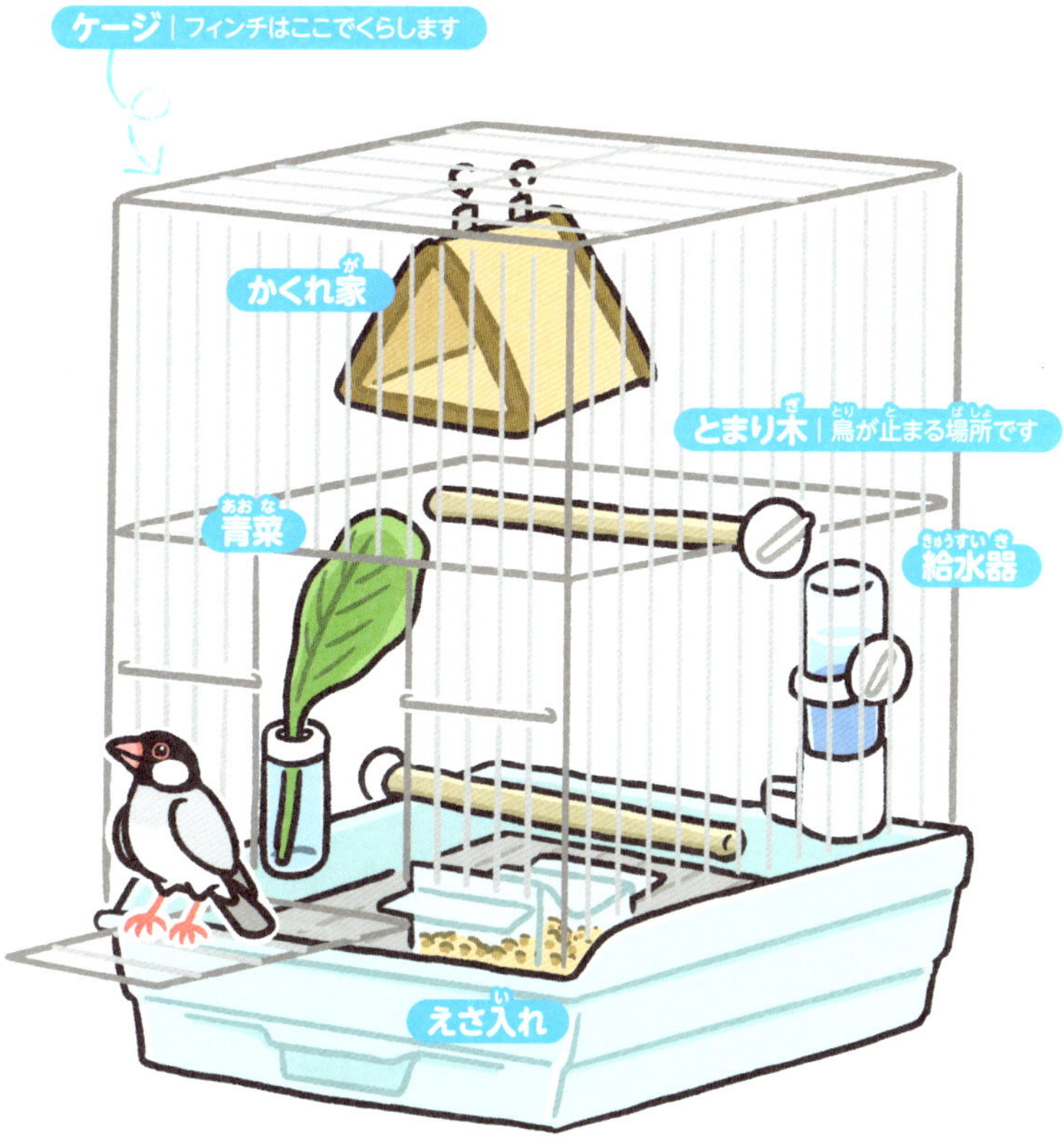
ケージ | フィンチはここでくらします
かくれ家《が》
とまり木《ぎ》 | 鳥《とり》が止《と》まる場所《ばしょ》です
青菜《あおな》
給水器《きゅうすいき》
えさ入《い》れ

参考初期費用《さんこうしょきひよう》 8000円《えん》～15000円《えん》

たくさんのフィンチとにぎやかハッピーライフ

DATE　/　/

仲間《なかま》と仲良《なかよ》くしているよ！

2羽《わ》のブンチョウをお迎《むか》えしたよ！　ケンカもしないでいつも仲良《なかよ》くしてるね。1羽《わ》だけでもかわいいけど、2羽《わ》いるとかわいさも2倍《ばい》！　こうやって眺《なが》めてるだけでも十分《じゅうぶん》いやされる〜。

推《お》しポイント

多頭飼《たとうが》いすればかわいさもたくさん

フィンチの中《なか》には多頭飼《たとうが》いにむいている種《しゅ》があります。例《たと》えば、ジュウシマツ（十姉妹《じゅうしまつ》）は、同《おな》じ鳥《とり》かごで多頭飼育《たとうしいく》して姉妹《しまい》のようにも仲《なか》よくくらすことから名付《なづ》けられたと言《い》われているほどで、**性格《せいかく》が穏《おだ》やかでケンカも少《すく》なく、多頭飼《たとうが》いに適《てき》しています。**まれに相性《あいしょう》が合《あ》わず相《あい》手《て》の羽根《はね》を抜《ぬ》いてしまうことがあれば、ケージを別《べつ》にしてあげましょう。ジュウシマツは人《ひと》に対《たい》して臆病《おくびょう》で、あまりなつきませんが、繁殖《はんしょく》させるのは難《むずか》しくないので、もし手乗《ての》りにしたい場合《ばあい》は、繁殖《はんしょく》させてヒナから育《そだ》てれば、手乗《ての》りするようになるでしょう。

ヒナの給餌《きゅうじ》

手乗《ての》りにしたければヒナから育《そだ》てるのも手《て》。

丸《まる》くなっておやすみ中《ちゅう》のフィンチ。

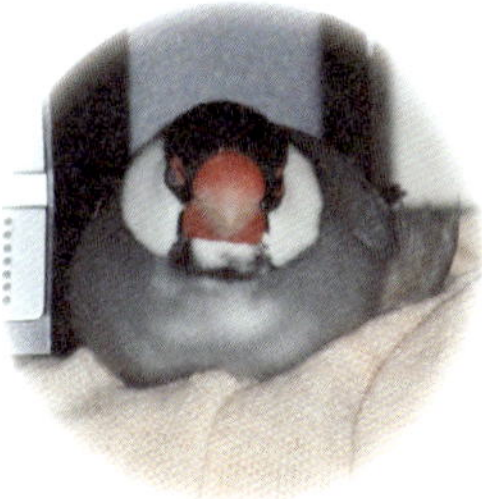

指乗《ゆびの》りフィンチ

小《ちい》さいころから育《そだ》てると、この通《とお》りよく慣《な》れる。

推《お》しポイント

それぞれの性格《せいかく》に合《あ》わせて飼育《しいく》しよう

フィンチも種《しゅ》によって性格《せいかく》がちがうので、それぞれにあった方法《ほうほう》で飼育《しいく》することが大切《たいせつ》です。例《たと》えば、フィンチの代表的存在《だいひょうてきそんざい》であるブンチョウは、ヒナから育《そだ》てるととてもよくなつきますが、**成鳥《せいちょう》からでも時間《じかん》をかけてコミュニケーションをとれば手《て》乗《の》りになります。**性別《せいべつ》を問《と》わず激《はげ》しくケンカすることがあるので、相性《あいしょう》が合《あ》うペアでないと複数羽《ふくすうわ》を飼《か》うのは難《むずか》しいでしょう。フィンチ飼育入門《しいくにゅうもん》として知《し》られるキンカチョウの場合《ばあい》は、基本的《きほんてき》に臆病《おくびょう》なので、**時間《じかん》をかけてじっくりとコミュニケーション**をとりながら飼育《しいく》するのがよいでしょう。

フィンチの仲間《なかま》

◆約《やく》14cm
◆約《やく》25g

にんき 1位《い》

ブンチョウ

インドネシア原産《げんさん》で日本《にっぽん》には江戸時代《えどじだい》初期《しょき》ごろ渡来《とらい》した。人《ひと》によくなれ、手《て》のりする鳥《とり》として人気《にんき》の種《しゅ》。

◆約《やく》10cm
◆約《やく》13～16g

ジュウシマツ

初心者《しょしんしゃ》でも飼《か》いやすい鳥《とり》として人気《にんき》の小《こ》鳥《とり》。丈夫《じょうぶ》で穏《おだ》やかな性格《せいかく》で、繁殖《はんしょく》も可能《かのう》。ヒナから育《そだ》てると手《て》のりになりやすい。

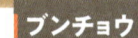

◆約《やく》13cm
◆約《やく》23g

コキンチョウ

カラフルな羽色《はいろ》のフィンチ。頭《とう》部《ぶ》の色《いろ》はおもに赤《あか》、黄《き》、黒《くろ》の3種類《しゅるい》があり、それぞれの色変《いろが》わり品種《ひんしゅ》が作《つく》りだされている。

カナリア

世界《せかい》で愛《あい》されている飼《か》い鳥《とり》。鳴《な》き声《こえ》や羽《はね》の美《うつく》しさを鑑賞《かんしょう》する目的《もくてき》に改良《かいりょう》された様々《さまざま》な品種《ひんしゅ》がある。

◆約《やく》10～20cm
◆約《やく》12～20g

キンカチョウ

オスはのどから胸《むね》にかけて白黒《しろくろ》の縞模様《しまもよう》があり、ゼブラフィンチとも呼《よ》ばれる。フィンチ飼育《しいく》の入門《にゅうもん》。

ニワトリ

じつはかわいい
おなじみの鳥《とり》

じつは甘《あま》えてくる
かわいい一面《いちめん》も。
メスなら卵《たまご》も
産《う》むよ!!

ニワトリのトリセツ

1	なついてくれる？	愛情《あいじょう》をこめて育《そだ》てればなつきます
2	かかるお金《かね》は？	月《つき》1000～2000円程度《えんていど》です
3	なにを食《た》べる？	ニワトリ用配合飼料《ようはいごうしりょう》に青菜《あおな》をまざたもの
4	いつまで一緒《いっしょ》？	5～15年《ねん》ほどです
5	飼育《しいく》スペースは?	横《よこ》90cm×高《たか》さ60cm(室内飼育《しつないしいく》の場合《ばあい》)

推《お》しポイント

飼《か》ってみてわかるかわいさが満載《まんさい》

家畜《かちく》としてはなじみぶかいニワトリですが、近年《きんねん》ペットとしても人気《にんき》が高《たか》まっています。少々荒《しょうしょうあら》っぽい性格《せいかく》をしていますが、**こちらを信頼《しんらい》してくれるようになれば、後《あと》をついてきたり、肩《かた》に乗《の》ったり、甘《あま》えたようにココッと鳴《な》いたり、愛《あい》らしい姿《すがた》を見《み》せてくれます。**飼育自体《しいくじたい》はむずかしくなく、エサ代《だい》もあまりかかりません。トイレのしつけはできないのでどこにでもフンをしますが、ニワトリ用《よう》のおむつなどもありますので室内《しつない》でも飼育《しいく》することができます。メスであれば、**7～8歳《さい》になるまでは卵《たまご》を産《う》んでくれるので、卵《たまご》を食《た》べられるのも魅力《みりょく》のひとつ**ですね。

ケージ｜なるべく広《ひろ》いものが好《この》ましい
水《みず》入《い》れ
産卵箱《さんらんばこ》｜ここに卵《たまご》を産《う》みます
エサ入《い》れ
小屋《こや》｜太陽光《たいようこう》の当《あ》たらない場所《ばしょ》もほしい

参考初期費用《さんこうしょきひよう》 10000円《えん》～65000円《えん》

のんびりおさんぽでニワトリと健《すこ》やかライフ

DATE　/　/

小石《こいし》を食《た》べている？

ニワトリをさんぽにつれていったよ！　ときどきニワトリが地面《じめん》に転《ころ》がっている小石《こいし》をついばんでいた気《き》がする。毒《どく》はないだろうけど、石《いし》なんて食《た》べて大丈夫《だいじょうぶ》なのかなあ？

まめちしき

小石《こいし》を食《た》べる!? ニワトリの体《からだ》の秘《ひ》密《みつ》

ニワトリは、歯《は》がありません。そのかわりに、筋胃《きんい》という筋肉《きんにく》でできた胃袋《いぶくろ》の中《なか》で、エサと一緒《いっしょ》に食《た》べた小《こ》石《いし》でエサをすりつぶします。小石《こいし》を食《た》べるのはこのためなんですね。また、砂場《すなば》で砂浴《すなあ》びをして羽《はね》についた汚《よご》れや虫《むし》をとる習性《しゅうせい》もあります。**こうした習性《しゅうせい》はニワトリの健康《けんこう》を守《まも》るために大事《だいじ》なこと**なので、室内飼育《しつないしいく》をするのであれば、一緒《いっしょ》に外《そと》におさんぽして小石《こいし》を拾《ひろ》ったり砂浴《すなあ》びさせてあげたりするようにするのがよいでしょう。散歩《さんぽ》をさせてあげたほうが食欲《しょくよく》もよくなり、メスであれば産《さん》卵《らん》してもらいやすくなるようです。

飼《か》えばわかる かわいさ!!

かわいい寝顔《ねがお》

ニワトリにはさまざまな品種《ひんしゅ》があり、ペット用《よう》では写真《しゃしん》のチャボなどが人気《にんき》。

メスはオスがいなくても卵《たまご》を産《う》む。無精卵《むせいらん》なのでふ化《か》はしない。

抱《だ》っこが好《す》きな子《こ》も

抱《だ》っこされてそのまま眠《ねむ》るほどになつくことも。

推《お》しポイント

室《しつ》内《ない》で飼《か》うほうが安全《あんぜん》かもしれない？

ニワトリの屋外《おくがい》飼育《しいく》は危険《きけん》だという意見《いけん》があります。ニワトリには野良《のら》猫《ねこ》やカラスなどたくさんの天敵《てんてき》がいるほか、ほかの野生《やせい》動物《どうぶつ》から感染症《かんせんしょう》をもらう可能性《かのうせい》もあるからです。室《しつ》内《ない》飼《が》いの場合《ばあい》はイヌやウサギ用《よう》のケージで飼《か》っている人《ひと》が多《おお》いようです。夜明《よあ》けにコケコッコーと大《おお》きな声《こえ》で鳴《な》くのはオスなので、鳴《な》き声《ごえ》が静《しず》かなメスを飼《か》えば騒音《そうおん》も気《き》にならないでしょう。また、ニワトリは「家畜伝染病予防法《かちくでんせんびょうよぼうほう》」の対象《たいしょう》となり、**毎年《まいとし》飼育《しいく》状況《じょうきょう》を都道府県《とどうふけん》に報告《ほうこく》しなくてはならない**ので、ペットとしてお迎《むか》えする場合《ばあい》は忘《わす》れず報告《ほうこく》するようにしましょう。

まずは触《ふ》れてみるペットカフェ

まめちしき

イヌやネコじゃないペットとの触《ふ》れ合《あ》い

ペットを飼育《しいく》したいけど、なかなか踏《ふ》みきれない。そんな人《ひと》におすすめなのが、ペットショップやペットカフェです。ペットショップでは実際《じっさい》の生体《せいたい》を目《め》の前《まえ》で見《み》ることができますし、生体《せいたい》や飼育器具《しいくきぐ》の値段《ねだん》や情報《じょうほう》も得《え》られます。店員《てんいん》と話《はな》すことで、初《はじ》めてのペットを飼育《しいく》する前《まえ》の疑問《ぎもん》点《てん》や不安《ふあん》を解消《かいしょう》することもできるはずです。ペットカフェでは、お目《め》当《あ》てのペットと実際《じっさい》に触《ふ》れ合《あ》うことができるのが大《おお》きな特徴《とくちょう》です（触《ふ》れ合《あ》いを禁止《きんし》しているペットカフェも一《いち》部《ぶ》あります）。より近《ちか》くに感《かん》じることで、飼《か》ったときのかわいさが想像《そうぞう》できて、モチベーションがあがることでしょう。ペットカフェの種類《しゅるい》は都市部《としぶ》を中心《ちゅうしん》に年々《ねんねん》増《ふ》えていて、飼《し》育《いく》が難《むずか》しいフクロウがメインのフクロウカフェや、近年《きんねん》人気《にんき》が高《たか》まっている爬虫類《ちゅうるい》を取《と》り扱《あつか》うカフェ、普通《ふつう》のブタより小《ちい》さなミニブタやマイクロブタを取《と》り扱《あつか》うカフェなどがあります。気《き》になったら足《あし》を運《はこ》んで本物《ほんもの》に触《ふ》れてみるのもよいですね。

子《こ》どものうちは小型犬《こがたけん》ほどの大《おお》きさのミニブタ。成長《せいちょう》するともっと大《おお》きくなる。

フクロウカフェ

東京《とうきょう》や大阪《おおさか》などの都市部《としぶ》を中心《ちゅうしん》に店舗《てんぽ》がある。なかには生体《せいたい》の販売《はんばい》や飼育《しいく》のポイントを教《おし》えてくれる店《みせ》もある。

は虫類《ちゅうるい》・両生類《りょうせいるい》カフェ

トカゲやヘビ、リクガメなどがいる。こちらも都市部《としぶ》に多《おお》い。は虫類《ちゅうるい》や両生類《りょうせいるい》だけでなく、フクロウも取《と》り扱《あつか》っている店《みせ》もある。

3

昆《こん》虫《ちゅう》ころころ かんさつペット

コオロギ

カブトムシ

ダンゴムシ

クワガタムシ

カタツムリ

アリ

カブトムシ

昆《こん》虫《ちゅう》界《かい》のスーパースター

戦《たたか》うすがたが
王者《おうじゃ》のあかし
じまんのツノが
かっこいいね!

カブトムシのトリセツ

1	なついてくれる？	残念《ざんねん》ながらなつきません
2	かかるお金《かね》は？	月《つき》500〜1000円《えん》です
3	なにを食《た》べる？	昆虫《こんちゅう》ゼリーや果物《くだもの》です
4	いつまで一緒《いっしょ》？	成虫《せいちゅう》の期間《きかん》は約《やく》4ヶ月《げつ》です
5	飼育《しいく》スペースは?	ふつうの飼育《しいく》ケースでOK

推《お》しポイント

手軽《てがる》に飼《か》える日本一《にっぽんいち》かっこいい虫《むし》

昆虫界《こんちゅうかい》きっての人気者《にんきもの》・カブトムシは、「甲虫《こうちゅう》」というグループの仲間《なかま》で、体全体《からだぜんたい》がかたい表皮《ひょうひ》でおおわれています。オスは長《なが》くてりっぱなツノがトレードマークで、メスにはツノがありません。ペットショップで手《て》に入《い》れることができますが、※雑木林《ぞうきばやし》などでつかまえることもできます。おもにクヌギやコナラの木《き》の樹液《じゅえき》をエサにしてくらしているので、近《ちか》くにないか探《さが》してみましょう。飼育《しいく》はむずかしくなく、必要《ひつよう》な道具《どうぐ》もエサも安《やす》く、かんたんにそろえることができます。**身近《みぢか》にいて、手軽《てがる》に飼《か》えるのに、最高《さいこう》にかっこいい。**それこそがカブトムシの魅力《みりょく》なのです。

虫《むし》かご｜プラスチックのものが多《おお》い
ゼリー｜昆虫用《こんちゅうよう》の食《た》べもの
小枝《こえだ》や落《お》ち葉《ば》
床材《ゆかざい》｜おがくずや腐葉土《ふようど》をしく

※捕獲《ほかく》が禁止《きんし》されている地域《ちいき》や私有地《しゆうち》、国立《こくりつ》の公園《こうえん》などに要注意《ようちゅうい》。

参考初期費用《さんこうしょきひよう》｜2000円《えん》～5000円《えん》

カブトムシを観察《かんさつ》して ワクワク過《す》ごす夏休《なつやす》み

DATE　/　/

カブトムシの相撲《すもう》だ！

2匹《ひき》のカブトムシのオスをたたかわせてみたよ！　カブトムシのお相撲《すもう》だ！　ツノを上手《じょうず》に相手《あいて》の体《からだ》の下《した》にもぐりこませて投《な》げ飛《と》ばしていたよ。オス同士《どうし》はメスやえさをめぐってこうやってたたかうんだって。

推《お》しポイント

オス同士《どうし》のたたかいで大盛《おおも》りあがり

カブトムシの**オスの闘争本能《とうそうほんのう》を利《り》用《よう》してたたかわせる「カブトムシ相撲《ずもう》」**。手《て》に汗《あせ》にぎるカブトムシの対決《たいけつ》は昔《むかし》から親《した》しまれていて、「全《ぜん》日本《にっぽん》カブト虫相撲大会《むしすもうたいかい》」という催《もよお》しもあるほどです。カブトムシ同士《どうし》だけでなく、クワガタムシをまじえてたたかわせても楽《たの》しいでしょう。しかし、カブトムシもクワガタムシも、何度《なんど》もたたかわせられると弱《よわ》ってしまうので、**無理《むり》はさせてはいけません**。なお、複数《ふくすう》のオスを同時《どうじ》に飼育《しいく》することはできますが、互《たが》いにストレスを感《かん》じるので、長生《ながい》きさせたい場合《ばあい》は1匹《ぴき》ずつ育《そだ》てましょう。

カブトムシの幼虫《ようちゅう》はずっしりと重《おも》く大《おお》きい。

オスのさなぎ。土《つち》の中《なか》で成《せい》虫《ちゅう》になっていく。

DATE　/　/

メスが卵《たまご》を産《う》んだよ！

メスのカブトムシが卵《たまご》を産《う》んだみたい！　どれくらいでふ化《か》するかわからないけど、これから幼虫《ようちゅう》の飼育《しいく》に挑戦《ちょうせん》だ！　みんなしっかり育《そだ》って成虫《せいちゅう》になってくれたらいいな～。来年《らいねん》の夏《なつ》が楽《たの》しみだ！

推《お》しポイント

オスとメスを飼《か》えば繁殖《はんしょく》にも挑戦《ちょうせん》できる

カブトムシのオスとメスは、7月《がつ》～8月《がつ》に交尾《こうび》をします。そのころにオスとメスを1匹《ぴき》ずつ、腐葉土《ふようど》をしきつめた飼育《しいく》ケースにいれれば、自然《しぜん》と交尾《こうび》をして産卵《さんらん》してくれます。**繁《はん》殖《しょく》のハードルも高《たか》くないので、**カブトムシの一生《いっしょう》を観察《かんさつ》してみるのもいいでしょう。交尾《こうび》を終《お》えたメスは、20～50個《こ》ほどの卵《たまご》を産《う》みます。それをスプーンで回収《かいしゅう》したら、指《ゆび》で深《ふか》さ1～1.5㎜の穴《あな》を開《あ》けて卵《たまご》を埋《う》め返《かえ》して、成長《せいちょう》を観察《かんさつ》します。それから、ふ化《か》して幼虫《ようちゅう》になって、さなぎになり、およそ10か月後《げつご》に成虫《せいちゅう》になって土《つち》から出《で》てきます。**卵《たまご》から見守《みまも》ってきたカブトムシが成虫《せいちゅう》になると、自《し》然《ぜん》と思《おも》い入《い》れも深《ふか》まりますね。**

飛《と》び立《た》つカブトムシ！

えさをもとめて樹液《じゅえき》に集《あつ》まる。

昆虫《こんちゅう》ゼリーが好物《こうぶつ》

カブトムシの飼育《しいく》にはかかせない昆虫《ちゅう》ゼリー。食欲《しょくよく》おうせいなカブトムシは一日《いちにち》にひとつ食《た》べる。

甘《あま》いものに目《め》がないカブトムシ。夏《なつ》にはスイカがよく似合《にあ》う。

スイカを食《た》べる！

まめちしき

たくさんの種類《しゅるい》から選《えら》ぶ楽《たの》しみもある

野生《やせい》のカブトムシで日本《にっぽん》にいる種類《しゅるい》は5種《しゅ》ですが、世界《せかい》には約《やく》1300種《しゅ》ものカブトムシがいます。世界一《せかいいち》大《おお》きなカブトムシである中南米《ちゅうなんべい》の**ヘラクレスオオカブト**、3本《ぼん》のツノをもつ東南《とうなん》アジアの**コーカサスオオカブト**などが有名《ゆうめい》で、海外《かいがい》のカブトムシもペットショップなどで手《て》に入《はい》ります。しかし、日本《にっぽん》の自然《しぜん》の生態系《せいたいけい》がこわされるので、これらの海外《かいがい》のカブトムシは絶対《ぜったい》に自然《しぜん》に放《はな》してはいけません。

まめちしき

雑木林《ぞうきばやし》でゲット！自分《じぶん》だけのカブトムシ

野生《やせい》でくらすカブトムシをつかまえるのも楽《たの》しいでしょう。カブトムシは、夕方《ゆうがた》から早朝《そうちょう》にかけて、樹液《じゅえき》を探《さが》しに姿《すがた》を見《み》せます。姿《すがた》が見《み》えなくても、クヌギやコナラの木《き》をゆらしたりけったりしてみると落《お》ちてくるかもしれません。また、**夜《よる》8～10時《じ》ごろ、早朝《そうちょう》5～6時《じ》ごろに樹液《じゅえき》ちかくに集《あつ》まることが多《おお》い**ので、樹液《じゅえき》が出《で》ている木《き》を見《み》つけておき、その時《じ》間帯《かんたい》におとずれるのもいいでしょう。また、**カブトムシは光《ひかり》に集《あつ》まる習性《しゅうせい》**があります。雑木林《ぞうきばやし》近《ちか》くに街灯《がいとう》などがあれば、ほかの虫《むし》にまぎれて、ライトの光《ひかり》に集《あつ》まっている場合《ばあい》もあります。

自分《じぶん》の力《ちから》でカブトムシを見《み》つけよう。

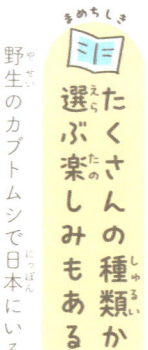

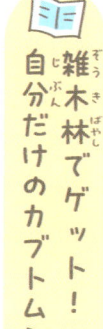

カブトムシの仲《なか》間《ま》

カブトムシ

にんき 1位《い》

日本《にっぽん》でもっとも愛《あい》されている昆《こん》虫《ちゅう》のひとつ。飼育《しいく》も繁殖《はんしょく》も容易《ようい》なため、幅広《はばひろ》い層《そう》に人気《にんき》がある。夏《なつ》の季語《きご》にもなっている。

◆オス 約《やく》40～80mm
◆メス 約《やく》35～55mm

ゴホンヅノカブト

名前《なまえ》の通《とお》り5本《ほん》のツノが魅力《みりょく》のカブトムシ。猛々《たけだけ》しいその見《み》た目《め》とは裏腹《うらはら》に、闘争心《とうそうしん》は低《ひく》く、穏《おだ》やかで大人《おとな》しい。

◆オス 約《やく》50～70mm
◆約《やく》30～55mm

ヘラクレスオオカブト

原産《げんさん》は中南米《ちゅうなんべい》の熱帯雨林《ねったいうりん》。ツノまで含《ふく》めた長《なが》さは18㎝という世界最大《せかいさいだい》のカブトムシであり、飛《と》ぶ昆虫《こんちゅう》としても世界最大級《せかいさいだいきゅう》。

◆オス 約《やく》75～180mm
◆メス 約《やく》50～80mm

※大《おお》きさはツノを含《ふく》めた全長《ぜんちょう》を示《しめ》しています。

◆オス 約《やく》60～125mm
◆メス 約《やく》50～65mm

コーカサスオオカブト

3本《ほん》の長《なが》く鋭《するど》いツノが目《め》を引《ひ》く、東南《とうなん》アジア原産《げんさん》のカブトムシ。好《こう》戦的《せんてき》で力《ちから》も強《つよ》く、世界最強《せかいさいきょう》のカブトムシとの呼《よ》び声《ごえ》が高《たか》い。

◆オス 約《やく》50～110mm
◆メス 約《やく》45～60mm

アトラスオオカブト

ギリシア神話《しんわ》の巨人《きょじん》アトラスが名前《なまえ》の由来《ゆらい》。ホームセンターなどでも手《て》に入《はい》り、身近《みぢか》な外国産《かいこくさん》カブトムシのひとつ。

エレファスゾウカブト

世界一重《せかいいちおも》いカブトムシとして有名《ゆうめい》。その重《おも》さは約《やく》50gで、ヘラクレスオオカブトより10gほど重《おも》い。

◆オス 約《やく》70～144mm
◆メス 約《やく》50～80mm

クワガタムシ

カブトムシの永《えい》遠《えん》のライバル

りっぱなハサミが
かれらの武器《ぶき》!
これがたまらなく
かっこいいんだ!

クワガタムシのトリセツ

1	なついてくれる?	残念《ざんねん》ながらなつきません
2	かかるお金《かね》は?	月《つき》500～1000円《えん》です
3	なにを食《た》べる?	昆虫《こんちゅう》ゼリーや果物《くだもの》です
4	いつまで一緒《いっしょ》?	3年《ねん》生《い》きるものもいます
5	飼育《しいく》スペースは?	ふつうの飼育《しいく》ケースでOK

推《お》しポイント

絶大《ぜつだい》な人気《にんき》をほこるクワガタムシ

日本昆虫界《にっぽんこんちゅうかい》の2大《だい》スターといえばカブトムシとこのクワガタムシではないでしょうか。クワガタムシの魅力《みりょく》はなんといっても、オスの頭《あたま》についた大《おお》きなハサミ。これは口《くち》の一部《いちぶ》が変形《へんけい》したもので、大《おお》あごといい、メスやエサ場《ば》をめぐってあらそうときにつかわれます。**日本《にっぽん》にはおよそ40種《しゅ》以上《いじょう》のクワガタムシがくらしており、カブトムシにくらべて種類《しゅるい》が多《おお》いのも人気《にんき》のひとつです。**カブトムシ同様《どうよう》、クワガタムシも手軽《てがる》に飼《し》育《いく》・繁殖《はんしょく》することができます。長生《ながい》きさせたいのであれば、オス・メス別々《べつべつ》に飼《か》うのがポイントです。

虫《むし》かご | プラスチックのものが多《おお》い
ゼリー | 昆虫用《こんちゅうよう》の食《た》べもの
小枝《こえだ》や落《お》ち葉《ば》
床材《ゆかざい》 | おがくずや腐葉土《ふようど》をしく

参考初期費用《さんこうしょきひよう》 2000円《えん》～5000円《えん》

クワガタと過《す》ごす一年《いちねん》 冬《ふゆ》明《あ》けが楽《たの》しみ

DATE　/　/

クワガタが冬眠《とうみん》からめざめた！

クワガタが土《つち》にもぐって動《うご》かなくなって、死《し》んじゃったのかと思《おも》ったけど、うちのクワガタは冬眠《とうみん》する種《しゅ》なんだって。5月《がつ》にあたたかくなってきたら、元気《げんき》なすがたを見《み》せてくれた！　まだまだ長生《ながい》きしてね！

推《お》しポイント

冬《ふゆ》を越《こ》えれば長生《ながい》きすることも

カブトムシの寿命《じゅみょう》（成虫《せいちゅう》として活動《かつどう》する期間《きかん》）は約《やく》3か月《げつ》、長《なが》くて4か月《げつ》ほどで、冬《ふゆ》を前《まえ》に死《し》んでしまいます。しかし、クワガタムシのなかには、冬眠《とうみん》して越冬《えっとう》する、はるかに長《なが》い寿命《じゅみょう》をほこる種《しゅ》がいます。とくに「ドルクス属《ぞく》」というグループのクワガタムシは寿命《じゅみょう》が長《なが》く、**オオクワガタやヒラタクワガタなどは3年《ねん》ほど生《い》きます**。オオクワガタがもっとも寿命《じゅみょう》が長《なが》く、最長《さいちょう》で7年《ねん》も生《い》きた個体《こたい》がいるそうです。越冬《えっとう》するクワガタムシたちは、11月《がつ》ごろになると土《つち》にもぐって冬眠《とうみん》し、春《はる》になって気温《きおん》が上《あ》がると土《つち》からはいでてきて、活動《かつどう》するようになります。

飼《か》えばわかるかわいさ!!

大《おお》あごに個性《こせい》あり!

育《そだ》て方《かた》で変《か》わる大《おお》あごの形《かたち》や体《からだ》の大《おお》きさ。自慢《じまん》のクワガタムシを育《そだ》て上《あ》げよう。

推《お》しポイント

クワガタを飼育《しいく》してコンテストに挑戦《ちょうせん》

子《こ》どもから大人《おとな》まで魅了《みりょう》するクワガタムシ。日本《にっぽん》にはクワガタムシを趣味《しゅみ》で育《そだ》てる愛好家《あいこうか》がたくさんいて、その愛好家《あいこうか》を夢中《むちゅう》にさせるのがオスを大《おお》きく育《そだ》てることです。クワガタムシは、**同《おな》じ種類《しゅるい》のオスであっても、個体《こたい》によって大《おお》あごの大《おお》きさや形《かたち》がちがいます。**幼虫《ようちゅう》のころの栄養状態《えいようじょうたい》が、大《おお》きさや形《かたち》に影響《えいきょう》するようです。

育《そだ》てたオスの体《からだ》の大《おお》きさをくらべるコンテストが定期的《ていきてき》に開催《かいさい》されています。大《おお》きな個体《こたい》にするための飼育《しいく》方法《ほうほう》を研究《けんきゅう》して、こうしたコンテストに挑戦《ちょうせん》するのも楽《たの》しみのひとつです。また、カブトムシのようにクワガタ相撲大会《すもうたいかい》もあります。

クワガタムシの仲《なか》間《ま》

ミヤマクワガタ

日本各地《にっぽんかくち》で見《み》られる大型《おおがた》のクワガタムシ。高《たか》くて深《ふか》い山《やま》（深山《みやま》）に生息《せいそく》していて、暑《あつ》さと乾燥《かんそう》が苦手《にがて》。

◆オス 40 ～80mm
◆メス 25 ～45mm

◆オス 25 ～75mm
◆メス 25 ～40mm

ノコギリクワガタ

国内《こくない》の広《ひろ》い地域《ちいき》で見《み》られ、国産《こくさん》クワガタムシの中《なか》でも代表的《だいひょうてき》な種《しゅ》。のこぎりのような鋭《するど》い大《おお》あごが魅力《みりょく》。

◆オス 30 ～75mm
◆メス 30 ～45mm

にんき
1位《い》

オオクワガタ

国産《こくさん》クワガタムシ最大級《さいだいきゅう》の種《しゅ》。クワガタ界《かい》で圧倒的《あっとうてき》な人気《にんき》を誇《ほこ》るが、絶滅《ぜつめつ》が危《あや》ぶまれている種《しゅ》でもある。

※大《おお》きさは大《おお》あごを含《ふく》めた全長《ぜんちょう》を示《しめ》しています。

◆オス 40 ～80mm

◆メス 40 ～55mm

オウゴンオニクワガタ

全身《ぜんしん》が黄金色《こがねいろ》のクワガタムシ。他《ほか》の亜種《あしゅ》と区別《くべつ》するためにローゼンベルグオウゴンオニクワガタと呼《よ》ばれることもある。

◆オス 25 ～50mm

◆メス 20 ～30mm

パプアキンイロクワガタ

メタリックな体色《たいしょく》が特徴《とくちょう》の小型《こがた》のクワガタムシで、赤褐色《せっかっしょく》、緑《みどり》、青《あお》、金《きん》などの種類《しゅるい》がある。オスは平和主義《へいわしゅぎ》でほぼけんかをしない。

ボイレアウシカクワガタ

ラオスやベトナムなど東南《とうなん》アジアの大陸部《たいりくぶ》でくらす。名前《なまえ》の通《とお》り、シカのツノような立派《りっぱ》な大《おお》あごが魅力《みりょく》。

◆オス 50 ～65mm

◆メス 25 ～40mm

アリ

ふしぎがいっぱい アリの世《せ》界《かい》

ふだんは見《み》られないアリの素顔《すがお》が観察《かんさつ》できる!!

アリのトリセツ

1 なついてくれる？	残念《ざんねん》ながらなつきません
2 かかるお金《かね》は？	月《つき》100～500円《えん》ほどです
3 なにを食《た》べる？	果物《くだもの》やカブトムシ用《よう》ゼリー、昆虫《こんちゅう》などです
4 いつまで一緒《いっしょ》？	女王《じょおう》アリは10年以上《ねんいじょう》も生《い》きます
5 飼育《しいく》スペースは？	飼育《しいく》キットを購入《こうにゅう》するか自作《じさく》します

推《お》しポイント

じつはよく知《し》らないアリワールドを観察《かんさつ》

身近《みぢか》な存在《そんざい》なアリ。でも、その巣《す》は地面《じめん》の下《した》にあるので、彼《かれ》らのくらしを実際《じっさい》に目《め》にすることはありません。**そんなアリの知《し》られざる世界《せかい》を、机《つくえ》の上《うえ》で観察《かんさつ》できるのがアリ飼育《しいく》の魅力《みりょく》です。**アリは女王《じょおう》アリやオスアリ、働《はたら》きアリなど、役割《やくわり》を分担《ぶんたん》して家族《かぞく》でくらす社会性昆虫《しゃかいせいこんちゅう》です。ふつう、卵《たまご》を産《う》むのは女王《じょおう》アリだけなので、子育《こそだ》ての様子《ようす》や家族《かぞく》が大《おお》きくなっていくのを観察《かんさつ》したい場合《ばあい》は、お店《みせ》で販売《はんばい》されている女王《じょおう》アリを買《か》って飼育《しいく》するのがいいでしょう。飼育《しいく》ケースは自作《じさく》できるほか市販《しはん》のものもあります。飼育《しいく》も難《むずか》しくなく、エサ代《だい》もほとんどかかりません。

アリのまま姿《すがた》を観察《かんさつ》

横《よこ》から飼育《しいく》の様子《ようす》が見《み》られる飼育箱《しいくばこ》をつくれば、アリのくらしを楽《たの》しむことができる。

大忙《おおいそが》しの働《はたら》きアリ

女王《じょおう》アリがうんだ卵《たまご》をはこぶ働《はたら》きアリ。働《はたら》きアリが巣《す》の世話《せわ》をしている。

参考初期費用《さんこうしょきひよう》 1000円《えん》～3000円《えん》

コオロギ

美声《びせい》をかなでる
昆《こん》虫《ちゅう》界《かい》の歌《うた》うたい

響《ひび》きわたる
美《うつく》しい鳴《な》き声《ごえ》は
いやしの効果《こうか》
バツグン!

コオロギのトリセツ

1	なついてくれる？	残念《ざんねん》ながらなつきません
2	かかるお金《かね》は？	月《つき》100～500円《えん》ほどです
3	なにを食《た》べる？	雑食《ざっしょく》でなんでも食《た》べます
4	いつまで一緒《いっしょ》？	3か月《げつ》～6か月《げつ》ほど
5	飼育《しいく》スペースは?	一般的《いっぱんてき》な虫《むし》の飼育《しいく》ケースで飼《か》えます

推《お》しポイント

手軽《てがる》に飼育《しいく》できて繁殖《はんしょく》もやさしい

は虫類《ちゅうるい》などのペットの生《い》き餌《え》として飼《か》っている人《ひと》も多《おお》く見《み》かけますが、コオロギは、はるか昔《むかし》から秋《あき》に鳴《な》く虫《むし》として親《した》しまれ、飼《か》われてきた**歴《れき》史《し》ある昆虫《こんちゅう》ペットです。**バッタやキリギリスと同《おな》じグループの昆虫《こんちゅう》で、日本《にっぽん》には60種《しゅ》ほどいますが、そのなかでも「エンマコオロギ」がペットとして愛《あい》されています。コオロギの飼育《しいく》は簡単《かんたん》で、必要《ひつよう》なものはホームセンターなどでそろえることができます。繁殖《はんしょく》させることもむずかしくありません。オスは求愛《きゅうあい》したりなわばりを主張《しゅちょう》したりするために鳴《な》くため、**鳴《な》き声《ごえ》を楽《たの》しみたい場合《ばあい》は必《かなら》ずオスを飼《か》うようにしましょう。**

羽《はね》をふるわせて歌《うた》う

オスは2枚《まい》の羽《はね》をふるわせて、たがいにこすりつけることで鳴《な》いている。

おなかで見分《みわ》けよう

上《うえ》がメス。メスのおなかには、針《はり》のようにとびでた産《さん》卵管《らんかん》がある。

参考初期《さんこうしょき》費用《ひよう》 1000円《えん》～3000円《えん》

ダンゴムシ

モゾモゾ動《うご》いて
クルンと丸《まる》まる

見《み》ているだけで
いやされる
ムシ界《かい》トップクラス
かわいさ!

ダンゴムシのトリセツ

1	なついてくれる？	残念《ざんねん》ながらなつきません
2	かかるお金《かね》は？	月《つき》100〜500円《えん》ほどです
3	なにを食《た》べる？	雑食《ざっしょく》で基本的《きほんてき》になんでも食《た》べます。
4	いつまで一緒《いっしょ》？	寿命《じゅみょう》は約《やく》3年《ねん》です
5	飼育《しいく》スペースは?	ふつうの虫用《むしよう》の飼育《しいく》ケースでOKです

推《お》しポイント

愛《あい》くるしい姿《すがた》にキュン でも触《さわ》りすぎに注意《ちゅうい》

虫《むし》好《ず》きの間《あいだ》では人気《にんき》の高《たか》いダンゴムシ。**名前《なまえ》に「ムシ」とついていますが、昆虫《こんちゅう》ではなくエビやカニに近《ちか》い生《い》き物《もの》です。**庭《にわ》や公園《こうえん》の落《お》ち葉《ば》や石《いし》の下《した》で簡単《かんたん》に見《み》つけられる身近《みぢか》な生《い》き物《もの》ですが、そのくらしぶりを目《め》にする機会《きかい》はありません。水《みず》を飲《の》んだりエサを食《た》べたり脱皮《だっぴ》したり……そんな様子《ようす》を間近《まぢか》に観察《かんさつ》できるのが、ダンゴムシを飼育《しいく》する魅力《みりょく》です。飼育《しいく》に必要《ひつよう》なものやエサを用意《ようい》することもむずかしくなく、飼育《しいく》に挑戦《ちょうせん》しやすいでしょう。**触《さわ》ると身《み》を守《まも》るために丸《まる》くなり、その姿《すがた》がかわいい**のですが、触《さわ》りすぎは弱《よわ》らせる原因《げんいん》になるのでほどほどにしましょうね。

丸《まる》くなるのは、天敵《てんてき》に対《たい》する防御《ほうぎょ》のほか、乾燥《かんそう》から身《み》を守《まも》る役目《やくめ》もある。

丸《まる》くなって身《み》を守《まも》る

動《うご》く姿《すがた》が愛《あい》らしい

たくさんのあしを一生懸命《いっしょうけんめい》動《うご》かしてチョコチョコと移動《いどう》する姿《すがた》は愛嬌《あいきょう》たっぷり。よく見《み》ると顔《かお》もとってもキュート。

参考初期費用《さんこうしょきひよう》 500円《えん》～1500円《えん》

カタツムリ

ゆっくりのんびり
マイペース系《けい》ペット

にゅるっと
突《つ》き出《だ》す目《め》と
のそのそ歩《ある》く姿《すがた》が
いやし効果大《こうかだい》!

カタツムリのトリセツ

1. なついてくれる？　残念《ざんねん》ながらなつきません
2. かかるお金《かね》は？　月《つき》100〜500円《えん》ほどです
3. なにを食《た》べる？　野菜《やさい》くずや卵《たまご》のカラなどです
4. いつまで一緒《いっしょ》？　5年《ねん》ほど生《い》きる場合《ばあい》もあります
5. 飼育《しいく》スペースは?　一般的《いっぱんてき》な虫《むし》の飼育《しいく》ケースで飼《か》えます

推しポイント

普通《ふつう》のムシにはない独特《どくとく》のかわいらしさ

カタツムリとは、陸《りく》にいる巻《ま》き貝《がい》の総称《そうしょう》で、日本《にっぽん》でも多《おお》くの種類《しゅるい》がくらしています。頭《あたま》の先《さき》から長《なが》い触覚《しょっかく》を動《うご》かしながら、**のんびりと移動《いどう》する姿《すがた》はとっても愛《あい》くるしく、独特《どくとく》の魅力《みりょく》があります。**梅雨《つゆ》の時期《じき》などに自然《しぜん》の多《おお》い場所《ばしょ》へ行《い》くと見《み》つけることができ、取《と》り扱《あつか》っているペットショップがあれば購入《こうにゅう》することもできます。**必要《ひつよう》な道具《どうぐ》もエサもすぐに準備《じゅんび》できるものばかり**なので、手軽《てがる》に飼《か》えます。なお、カタツムリにはまれに「広東住血線虫《かんとんじゅうけつせんちゅう》」という寄生虫《きせいちゅう》がいることがあるので、触《さわ》ったら石鹸《せっけん》で手洗《てあら》いするか、ゴム手袋《てぶくろ》をつけて触《さわ》るようにしましょう。

飼《か》えばわかるかわいさ!!

雌雄同体《しゆうどうたい》で繁殖《はんしょく》

カタツムリは雌雄同《しゆうどう》体《たい》で、2個体《こたい》が出会《であ》うと交尾《こうび》をして、両《りょう》方《ほう》とも産卵《さんらん》する。

じつはかわいい顔《かお》

ガラスの反対側《はんたいがわ》からのぞいた様子《ようす》。ふだんはあまり見《み》えないが、カタツムリの口《くち》はキュート。ハムハムするしぐさはとてもかわいい。

参考初期費用《さんこうしょきひよう》 500円《えん》〜1500円《えん》

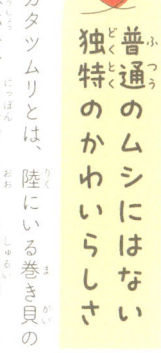

まだまだいる
魅惑《みわく》のムシペットたち

まめちしき

世界《せかい》に広《ひろ》がるムシを愛《め》でる暮《く》らし

昆虫《こんちゅう》やクモなど、いわゆる「ムシ」と呼《よ》ばれる動物《どうぶつ》の多《おお》くは**節足動物《せっそくどうぶつ》といい、動物界最大《どうぶつかいさいだい》の種数《しゅすう》を誇《ほこ》るグループ**です。その数《かず》はなんと約《やく》110万《まん》以上《いじょう》。ムシは多様性《たようせい》に富《と》み、地球《ちきゅう》の様々《さまざま》な生態系《せいたいけい》に関《かか》わる重要《じゅうよう》な存在《そんざい》なのです。日本《にっぽん》には昔《むかし》からムシを愛《め》でる文化《ぶんか》がありましたが、そうした習慣《しゅうかん》がなかった欧米《おうべい》などでも、ほかの動物《どうぶつ》にはないその特徴的《とくちょうてき》な姿《すがた》や、**省《しょう》スペースで飼育《しいく》できてあまり手間《てま》がかからない**ことなどが注目《ちゅうもく》されて、ペットとしてムシを飼《か》う人《ひと》が増《ふ》えています。ここでは、世界的《せかいてき》に特《とく》に人気《にんき》のあるムシたちを紹介《しょうかい》します。苦手《にがて》な人《ひと》は無視《むし》してください。

ミツバチ

巣箱《すばこ》を設置《せっち》するだけで飼育《しいく》できる。しかし、近隣住民《きんりんじゅうみん》の理解《りかい》が必須《ひっす》で、基本的《きほんてき》には周囲《しゅうい》に人家《じんか》がない場所《ばしょ》でないと難《むずか》しく、飼育条件《しいくじょうけん》のハードルは高《たか》い。飼《か》う場合《ばあい》には都道府県《とどうふけん》に飼育届《しいくとどけ》の提出《ていしゅつ》が必要《ひつよう》。

カマキリ

かっこいい人気《にんき》の肉食昆虫《にくしょくこんちゅう》。飼育《しいく》する時《とき》はコオロギといった生《い》き餌《え》を用意《ようい》できればよいが、生肉《せいにく》や魚肉《ぎょにく》ソーセージのかけらや、無糖《むとう》ヨーグルトなどを餌《えさ》として代用《だいよう》できる。共食《ともぐ》いするので単独飼育《たんどくしいく》が基本《きほん》。

タランチュラ

毛《け》に覆《おお》われた巨体《きょたい》でのしのしと歩《ある》く大型《おおがた》のクモ。猛毒《もうどく》グモというイメージがあるが、人命《しんめい》に関《かか》わるような毒《どく》はない。しかし、するどいキバがあるので触《さわ》るのは禁物《きんもつ》。コオロギなどの生《い》き餌《え》が必要《ひつよう》だが、飼育《しいく》は比較的《ひかくてき》容易《ようい》。

サソリ

タランチュラ同様《どうよう》、凶暴《きょうぼう》な猛毒生物《もうどくせいぶつ》というイメージがあるが、人間《にんげん》に対《たい》して危険《きけん》な毒《どく》をもつ種《しゅ》はごくわずか。初心者《しょしんしゃ》でも飼育《しいく》できるおとなしい性格《せいかく》の種《しゅ》も多《おお》い。しかし、刺《さ》されて傷《きず》を負《お》うこともあるので触《ふ》れるのは厳禁《げんきん》。

アフリカオオヤスデ

アフリカ原産《げんさん》の特大《とくだい》ヤスデ。30㎝近《ちか》い巨体《きょたい》が、数百本《すうひゃっぽん》のあしを波打《なみう》たせてのそのそと動《うご》く。触《ふ》れることはできるが、防衛反応《ぼうえいはんのう》で臭《くさ》い液体《えきたい》を出《だ》したり、オオヤスデへのストレスになったりするので注意《ちゅうい》が必要《ひつよう》。

マダガスカルゴキブリ

マダガスカル島《とう》にのみ生息《せいそく》する大型《おおがた》ゴキブリ。飼育《しいく》のしやすさ、そして威嚇《いかく》や求愛《きゅうあい》のために発《はっ》する「シュー」という音《おと》で多《おお》くの愛好家《あいこうか》を魅了《みりょう》している。動《うご》きはゆっくりしていて飛《と》ばないので、いわゆるゴキブリっぽさはない。

4

水《すい》中《ちゅう》すいすい 水《みず》辺《べ》のペット

キンギョ

ネオンテトラ

ウーパールーパー

ベタ

カメ

メダカ

マリモ

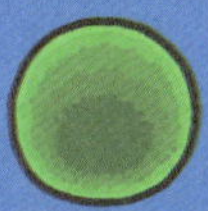

熱《ねっ》帯《たい》魚《ぎょ》の入《にゅう》門《もん》として大《だい》人《にん》気《き》

ネオンテトラ

ネオンのような
きらきらのブルーが
あざやかで
きれい

ネオンテトラのトリセツ

1	なついてくれる？	残念《ざんねん》ながらなつきません
2	かかるお金《かね》は？	月《つき》2000～4000円《えん》ほどです
3	なにを食《た》べる？	魚用《さかなよう》フードでOKです
4	いつまで一緒《いっしょ》？	1～2年《ねん》ほどです
5	飼育《しいく》スペースは？	たてよこ30cm×30cmはほしいです

推《お》しポイント

きれいなネオンは熱帯魚《ねったいぎょ》飼育《しいく》の定番《ていばん》

きらびやかな見《み》た目《め》で飼育《しいく》しやすく、生体《せいたい》の値段《ねだん》も手頃《てごろ》なことから、**熱帯魚《ねったいぎょ》の入門《にゅうもん》として絶大《ぜつだい》な人気《にんき》をほこるのがネオンテトラ**です。「テトラ」とは、アフリカや南《みなみ》アメリカに生息《せいそく》するカラシンというグループの中《なか》で小型《こがた》の種《しゅ》をさす言葉《ことば》です。カラシンはバラエティ豊《ゆた》かなグループで、テトラのように5cm前後《ぜんご》のものから、50cmまで成長《せいちょう》するもの、肉食《にくしょく》魚《ぎょ》として有名《ゆうめい》なピラニアまでいて、多《おお》くの熱帯魚《ねったいぎょ》ファンに親《した》しまれています。熱帯魚《ねったいぎょ》とは、おもに熱帯気候《ねったいきこう》の海《うみ》や川《かわ》でくらす魚《さかな》のことですが、**この本《ほん》で紹介《しょうかい》している熱帯魚《ねったいぎょ》はすべて川《かわ》などの淡水《たんすい》でくらす魚《さかな》**です。

フィルター｜飼育水《しいくすい》をきれいにする器具《きぐ》
水槽《すいそう》｜ガラス製《せい》のものが多《おお》い
水草《みずくさ》や流木《りゅうぼく》｜専門店《せんもんてん》で売《う》っている
床材《ゆかざい》｜アクアリウム専用《せんよう》の砂《すな》を使《つか》う
水槽台《すいそうだい》｜水槽《すいそう》は重《おも》いので専用《せんよう》の台《だい》を使《つか》う

参考初期費用《さんこうしょきひよう》 10000円《えん》～20000円《えん》

水槽《すいそう》でキラキラ輝《かがや》く水中《すいちゅう》の宝石《ほうせき》を楽《たの》しもう！

DATE　/　/

群《む》れでいると特《とく》にかわいい！

ネオンテトラをたくさん飼《か》っているよ！群《む》れで一緒《いっしょ》に泳《およ》ぐ姿《すがた》はとってもかわいいし、いっぱいキラキラしてきれいなんだ！たくさん泳《およ》いでいるおかげで水槽《すいそう》も見《み》栄《ば》えするようになったかも！

推《お》しポイント

テトラの魅力《みりょく》は群泳《ぐんえい》にあり

群《む》れが一緒《いっしょ》になって泳《およ》ぐ行動《こうどう》を「群《ぐん》泳《えい》」といいますが、**テトラが一番輝《いちばんかがや》くのは、なんといっても群泳《ぐんえい》する姿《すがた》です。**テトラは群泳《ぐんえい》する習性《しゅうせい》をもつものが多《おお》く、美《うつく》しい体色《たいしょく》のテトラが集《あつ》まって一緒《いっしょ》に泳《およ》ぐ姿《すがた》はまさに水中《すいちゅう》の宝石《ほうせき》。テトラの魅力《みりょく》をぞんぶんに楽《たの》しみたいのであれば、10匹以上《ぴきいじょう》飼《し》育《いく》するのがよいでしょう。注意点《ちゅういてん》としては、群泳《ぐんえい》は危険回避行動《きけんかいひこうどう》の一種《いっしゅ》なので、危険《きけん》やストレスを感《かん》じると群泳《ぐんえい》しますが、水槽《すいそう》の環境《かんきょう》になれるとバラバラに泳《およ》ぐようになります。しかし、水槽《すいそう》のあちこちでキラキラ光《ひか》るテトラもとてもきれいなので、ご心配《しんぱい》なく。

さまざまな熱帯魚《ねったいぎょ》が混泳《こんえい》する水槽《すいそう》。

エンゼルフィッシュと泳《およ》ぐカージナルテトラ。

DATE　/　/

ほかの魚《さかな》と泳《およ》いでいるよ！

同《おな》じ水槽《すいそう》にちがう種類《しゅるい》の熱帯魚《ねったいぎょ》を入《い》れて一《いっ》緒《しょ》に飼《か》っているよ！　いろんな色《いろ》の魚《さかな》がいるおかげで、水槽《すいそう》がもっとカラフルでにぎやかになった！　緑《みどり》の水草《みずくさ》も前《まえ》よりきれいに見《み》えるようになったかな？

推《お》しポイント

混泳《こんえい》させれば水槽《すいそう》も華《はな》やかに

混泳《こんえい》とは種《しゅ》のちがう魚《さかな》を一緒《いっしょ》に飼《か》うことです。テトラは熱帯魚《ねったいぎょ》のなかでも混泳《こんえい》に向《む》いています。おとなしいテトラ同士《どうし》を2～3種混泳《しゅこんえい》させるのが王道《おうどう》で、**水槽《すいそう》がいっそう華《はな》やかになります。**グッピーなど、テトラ以《い》外《がい》の魚《さかな》と混泳《こんえい》させることも不可能《ふかのう》ではないですが、種《しゅ》によってはテトラにヒレをかじられてしまうことがあります。混泳《こんえい》させる場合《ばあい》は、テトラに対《たい》して攻撃性《こうげきせい》がなく、かれらを捕《ほ》食《しょく》できるような口《くち》の大《おお》きな魚《さかな》はさけて、トラブルを防《ふせ》ぐようにしましょう。また、熱帯魚《ねったいぎょ》は種《しゅ》によって好《この》みの水質《すいしつ》もありますので、**テトラの飼《し》育環境《いくかんきょう》と相性《あいしょう》がよい種《しゅ》を選《えら》ぶのも大《たい》切《せつ》です。**

物陰《ものかげ》に身《み》を隠《かく》す

警戒心《けいかいしん》が強《つよ》く、物陰《ものかげ》に隠《かく》れる習性《しゅうせい》があるが、環境《かんきょう》になれると姿《すがた》を現《あらわ》す。

エビと一緒《いっしょ》にくらす

小《ちい》さなエビ類《るい》はテトラの食《た》べ残《のこ》しやコケを食《た》べてくれるので混泳《こんえい》にぴったり。

黒背景《くろはいけい》にもぴったり

水槽《すいそう》の背面《はいめん》に黒《くろ》いバックスクリーンを貼《は》ると、ネオンテトラの鮮《あざ》やかな色《いろ》が際立《きわだ》つ。

注意《ちゅうい》すべきこと

魚《さかな》たちの過密飼育《かみつしいく》に気《き》をつけよう

適正量以上《てきせいりょういじょう》の数《かず》を飼育《しいく》することを「過密飼育《かみつしいく》」といいます。過密飼育《かみつしいく》では、飼育水《しいくすい》が汚《よご》れやすくなったり、魚《さかな》が病気《びょうき》になりやすくなったりします。**飼育数《しいくすう》に対《たい》して適度《てきど》な大《おお》きさの水槽《すいそう》が必要《ひつよう》**で、例《たと》えば、テトラを10匹飼育《ぴきしいく》するのであれば横《よこ》30cm以上《いじょう》の水槽《すいそう》が適《てき》しているでしょう。

推《お》しポイント

テトラと一緒《いっしょ》にレイアウトを楽《たの》しむ

専門店《せんもんてん》で売《う》っている水草《みずくさ》や流木《りゅうぼく》などで水槽《すいそう》のレイアウト（構図《こうず》）に工夫《くふう》をこらして、美《うつく》しく仕上《しあ》げるのも熱帯魚飼育《ねったいぎょしいく》の醍醐味《だいごみ》。**きれいに水草《みずくさ》が育《そだ》った水槽《すいそう》が家《いえ》にあるだけでつかれた心《こころ》がいやされます。**熱帯魚《ねったいぎょ》を飼育《しいく》する際《さい》は美《うつく》しい水槽《すいそう》レイアウト作《づく》りに挑戦《ちょうせん》するのもよいでしょう。

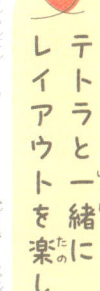

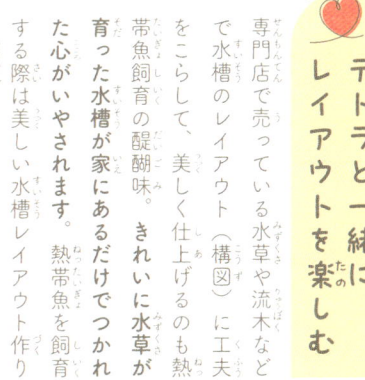

◆約《やく》3～4cm

ネオンテトラ

ネオンのように鮮《あざ》やかな体色《たいしょく》が魅力《みりょく》。入門《にゅうもん》として人気《にんき》の種《しゅ》で、飼育《しいく》は容易《ようい》。水草水槽《みずくさすいそう》によく映《は》える。

◆約《やく》4～5cm

カージナルテトラ

ネオンテトラと並《なら》ぶ人気種《にんきしゅ》。ネオンテトラと似《に》ているが、赤色《あかいろ》の面積《めんせき》が広《ひろ》く、成魚《せいぎょ》は一回《ひとまわ》り大《おお》きく成長《せいちょう》する。

◆約《やく》4cm

ブラックファントムテトラ

体高《たいこう》のある体《からだ》に、水墨《すいぼく》のような美《うつく》しい色合《いろあ》いの背《せ》びれと尾《お》びれが美《うつく》しいテトラ。穏《おだ》やかな性格《せいかく》なので、同種《どうしゅ》、他《ほか》の種《しゅ》との混泳《こんえい》も可《か》。

◆約《やく》3～8cm

グッピー（モザイク）

グッピーの基本品種《きほんひんしゅ》。赤《あか》を基調《きちょう》とした尾《お》びれにモザイク状《じょう》の黒色《こくしょく》が入《はい》る。モザイク模様《もよう》は個体差《こたいさ》が大《おお》きい。

◆約《やく》5～6cm

プラティ（レッドプラティ）

赤《あか》を基調《きちょう》としたプラティの改良品種《かいりょうひんしゅ》。メスは稚魚《ちぎょ》を産《う》み、水槽内《すいそうない》に自然《しぜん》と稚魚《ちぎょ》が生《う》まれるので比較的繁殖《ひかくてきはんしょく》は容易《ようい》。

◆約《やく》2～3cm

レッドビーシュリンプ

海外《かいがい》のビーシュリンプを観賞用《かんしょうよう》に品種改良《ひんしゅかいりょう》したエビ。赤《あか》い体《からだ》とハチのような模様《もよう》からこの名前《なまえ》がついた。

にんき 1位《い》

ベタ

カラフルでエレガントな美《び》魚《ぎょ》

大《おお》きなヒレをたなびかせながら優雅《ゆうが》に泳《およ》ぐ姿《すがた》はベタならでは!

ベタのトリセツ

1 なついてくれる？	なつくような仕草《しぐさ》もみせてくれます
2 かかるお金《かね》は？	月《つき》500～2000円《えん》ほどです
3 なにを食《た》べる？	ベタ専用《せんよう》フードでOKです
4 いつまで一緒《いっしょ》？	2～3年《ねん》です
5 飼育《しいく》スペースは?	数《すう》リットルの飼育水《しいくすい》が入《はい》る水槽《すいそう》がほしいです

推しポイント

優雅《ゆうが》でかわいくて飼《か》いやすい

優雅《ゆうが》なヒレと豊富《ほうふ》なカラーバリエーションで世界中《せかいじゅう》の熱帯魚《ねったいぎょ》ファンを魅《み》了《りょう》しているベタ。飼育水《しいくすい》を汚《よご》さずに適正《てきせい》な水温《すいおん》を保《たも》っていれば、フィルターなどの電気《でんき》を使《つか》った器具《きぐ》がなくても飼育《しいく》できることから、**初心者《しょしんしゃ》でも飼《か》いやすく人気《にんき》**となりました。ベタはアナバスというグループの魚《ぎょ》で、日本《にっぽん》で見《み》かけるものは鑑賞用《かんしょうよう》に品種改良《ひんしゅかいりょう》されたものがほとんどです。**美《うつく》しい見《み》た目《め》とは裏腹《うらはら》に、オスは闘争心《とうそうしん》が強《つよ》く、「闘魚《とうぎょ》」という別《べつ》名《めい》があるほど。**同《おな》じ水槽《すいそう》にオスを複《ふく》数《すう》入《い》れるとはげしくケンカするので、オスを飼育《しいく》する場合《ばあい》は単独《たんどく》で飼《し》育《いく》するのが鉄則《てっそく》です。

ふた｜魚《さかな》の飛《と》び出《だ》し防止《ぼうし》
水槽《すいそう》｜ガラス製《せい》のものが多《おお》い
水草《みずくさ》や流木《りゅうぼく》｜専門店《せんもんてん》で売《う》っている
床材《ゆかざい》｜アクアリウム専用《せんよう》の砂《すな》を使《つか》う

参考初期費用《さんこうしょきひよう》　3000円《えん》〜10000円《えん》

なついてかわいいベタに今日《きょう》もベッタベタ

DATE / /

ベタが近《ちか》づいてきたよ！

エサをあげようとしたらベタが近《ちか》づいてきたよ！ わたしのことを覚《おぼ》えてくれたのかな？ 水槽《すいそう》をのぞくとこっちを見《み》つめてくることもあるし、なんだかなついてくれてるみたいでとってもかわいい！

推《お》しポイント

気性《きしょう》は荒《あら》いけど人《ひと》なつっこい

強《つよ》い闘争心《とうそうしん》で知《し》られるベタですが、**単独《たんどく》で飼育《しいく》する場合《ばあい》はとてもおだやか**です。さらに、人《ひと》になれる個体《こたい》が多《おお》いという意外《いがい》な一面《いちめん》があります。人《ひと》がエサをくれることを覚《おぼ》えると、人《ひと》が前《まえ》を通《とお》ったり水槽《すいそう》をのぞきこんだりすると、ヒレをゆらしながらよってきてくれます。エサをあげようと水面《すいめん》に手《て》をやると勢《いきお》いあまってジャンプしたり、水槽《すいそう》に入《い》れた指《ゆび》をツンツンと口《くち》で突《つ》いてきたりすることもあるほどで、**闘魚《とうぎょ》という名前《なまえ》からは想像《そうぞう》がつかないギャップのあるかわいい姿《すがた》**を見《み》せてくれます。こうしたコミュニケーションを楽《たの》しめるのもベタの魅力《みりょく》でしょう。

飼《か》えばわかるかわいさ!!

ガラス瓶飼育《びんしいく》のベタ

ガラス瓶《びん》はおしゃれでインテリア性《せい》も高《たか》く、ベタの美《うつく》しさも際立《きわだ》つ。

水面《すいめん》で息継《いきつ》ぎする

空気中《くうきちゅう》からも酸素《さんそ》をとりこめるので、水《すい》面《めん》の近《ちか》くにいることも多《おお》い。

まめちしき

ボトルでも飼《か》える？ベタの体《からだ》の秘密《ひみつ》

ガラス瓶《びん》など小《ちい》さい容器《ようき》で飼育《しいく》されているベタを見《み》かけたことがあるでしょうか。ベタには、「**ラビリンス器官《きかん》**」という**特殊《とくしゅ》な呼吸器官《こきゅうきかん》**があり、この器官《きかん》によって空気中《くうきちゅう》からも酸素《さんそ》を得《え》られるようになっています。このため、水中《すいちゅう》の酸素量《さんそりょう》が少《すく》ない小《ちい》さい容器《ようき》でも生《い》きることができるのです。しかし、小《ちい》さな容器《ようき》は飼育水《しいくすい》が汚《よご》れやすく、水換《みずか》えの頻度《ひんど》が増《ふ》えるなど管理《かんり》もむずかしくなるので、上《じょう》級者《きゅうしゃ》向《む》けの飼育方法《しいくほうほう》です。こうした手間《てま》を減《へ》らして、健康《けんこう》で長生《ながい》きしてもらうなら、フィルター（ろ過装置《かそうち》）が付《つ》けられる水槽《すいそう》で飼《か》うのがベターです。

ベタの仲間《なかま》

◆約《やく》7cm
にんき
1位《い》

トラディショナルベタ

改良《かいりょう》ベタの中《なか》でもっとも基本的《きほんてき》な品種《ひんしゅ》。赤《あか》や青《あお》の体色《たいしょく》が多《おお》い。このトラディショナルベタから派生《はせい》して、様々《さまざま》な品種《ひんしゅ》が増《ふ》えた。

クラウンテールベタ

名前《なまえ》の通《とお》り、王冠《おうかん》（クラウン）のようにギザギザの尾《お》びれが美《うつく》しいベタ。体色《たいしょく》は、単色《たんしょく》より多《た》彩《さい》な色《いろ》を持《も》つことが多《おお》い。

◆約《やく》7cm

◆約《やく》7cm

プラガットベタ

ヒレが短《みじか》い改良《かいりょう》ベタ。原産地《げんさんち》のタイでは最《もっと》も人気《にんき》の品種《ひんしゅ》で改良《かいりょう》も盛《さか》ん。マニアからの人気《にんき》も高《たか》い。

◆約《やく》7cm

ハーフムーンベタ

大《おお》きく広《ひろ》がるヒレを持《も》つ改良《かいりょう》ベタ。日本《にっぽん》で人気《にんき》が高《たか》い品種《ひんしゅ》で、半月状《はんげつじょう》の優雅《ゆうが》な尾《お》びれが名前《なまえ》の由来《ゆらい》。

メダカ

日《にっ》本《ぽん》原《げん》産《さん》で飼《か》いやすい

種類《しゅるい》が豊富《ほうふ》な
定番《ていばん》の観賞魚《かんしょうぎょ》で
繁殖《はんしょく》も楽《たの》しめる!!

メダカのトリセツ

1 なついてくれる？　人《ひと》に慣《な》れます

2 かかるお金《かね》は？　月《つき》500～1500円程度《えんていど》です

3 なにを食《た》べる？　メダカ用《よう》フードを与《あた》えましょう

4 いつまで一緒《いっしょ》？　1年《ねん》～4年《ねん》ほどです

5 飼育《しいく》スペースは?　30cm水槽以上《すいそういじょう》が飼《か》いやすいです

推《お》しポイント

日本生《にっぽんう》まれなので日本《にっぽん》の環境《かんきょう》に最適《さいてき》

かつて、野生《やせい》のメダカは小川《おがわ》や田《た》んぼで当《あ》たり前《まえ》のように見《み》られましたが、環境《かんきょう》の変化《へんか》で数《かず》が減《へ》り、いまでは絶滅危惧種《ぜつめつきぐしゅ》に指定《してい》されています。一方《いっぽう》、最近《さいきん》では鑑賞用《かんしょうよう》として養殖《ようしょく》や品種改良《ひんしゅかいりょう》がさかんで、**500種類《しゅるい》以上《いじょう》のメダカが見《み》られ、熱帯魚《ねったいぎょ》のような鮮《あざ》やかな色《いろ》をした品種《ひんしゅ》**もあります。日本《にっぽん》の気候《きこう》の中《なか》でくらしてきたメダカは、熱帯魚《ねったいぎょ》には欠《か》かせないヒーターやエアコンでの温度管理《おんどかんり》が必要《ひつよう》なく、屋外《おくがい》で飼《か》うこともできます。**水質《すいしつ》や水温《すいおん》の変化《へんか》に強《つよ》く、飼育《しいく》しやすいペット**です。産卵《さんらん》・繁殖《はんしょく》もむずかしくないので、初心者《しょしんしゃ》でも手軽《てがる》に楽《たの》しめます。

メダカ鉢《ばち》｜専用《せんよう》のものを使《つか》いましょう
浮草《うきくさ》｜水面《すいめん》に浮《う》く水草《みずくさ》を入《い》れる
床材《ゆかざい》｜アクアリウム専用《せんよう》の砂《すな》を使《つか》う

参考初期費用《さんこうしょきひよう》　2000円《えん》～5000円《えん》

楽《たの》しみ方《かた》はあなた次第《しだい》 メダカとのアクアライフ

DATE　/　/

メダカを混泳《こんえい》させてみたよ！

メダカをテトラと一緒《いっしょ》の水槽《すいそう》で飼《か》ってるんだ！　どちらもおとなしくて、仲良《なかよ》くくらしているよ。メダカだけの水槽《すいそう》もいいけど、カラフルなテトラがいると、ちがったよさがあるね！

推《お》しポイント

単独《たんどく》も混泳《こんえい》もよし 広《ひろ》がるメダカの世界《せかい》

メダカだけでも満足度《まんぞくど》は高《たか》いですが、**ほかの生《い》き物《もの》と一緒《いっしょ》に飼《か》うのも楽《たの》しみのひとつです。** メダカと混泳《こんえい》させる定番《ていばん》の生《い》き物《もの》は、同《おな》じ日本産《にっぽんさん》のヤマトヌマエビなどのエビ類《るい》です。かれらはメダカの食《た》べ残《のこ》しを食《た》べてくれるなど一緒《いっしょ》に飼《か》うメリットが多《おお》く、メダカ水槽《すいそう》ではおなじみの生《い》き物《もの》です。意外《いがい》な混泳相手《こんえいあいて》としては、テトラなどの小型熱帯魚《こがたねったいぎょ》がいます。**ネオンテトラなどおだやかな性格《せいかく》でじょうぶな熱帯魚《ねったいぎょ》は、メダカとの混泳《こんえい》も可能《かのう》で、** 水槽《すいそう》がにぎやかになります。その際《さい》は、水温《すいおん》を熱帯魚《ねったいぎょ》の好《この》む26度前後《どぜんご》で管理《かんり》する必要《ひつよう》があるので注意《ちゅうい》しましょう。

小《ちい》さな生態系《せいたいけい》を楽《たの》しむビオトープ。

DATE　/　/

ビオトープに挑戦《ちょうせん》したよ！

家《いえ》の外《そと》の庭《にわ》にビオトープをつくったよ！　小《ちい》さな自然《しぜん》をつくるのってむずかしいけど楽《たの》しいんだね！　ビオトープの植物《しょくぶつ》を見《み》るだけでいやされるし、そこでくらすメダカたちもかわいい！

推《お》しポイント

ビオトープにも最適《さいてき》なメダカ

「ビオトープ（Biotop）」とは、生命《せいめい》（bio《ビオ》）＋場所《ばしょ》（topos《トポス》）を合《あ》わせた造語《ぞうご》です。さまざまな生《い》き物《もの》が共生《きょうせい》する場所《ばしょ》を意味《いみ》し、小《ちい》さな鉢《はち》や池《いけ》で人工的《じんこうてき》に生態系《せいたいけい》をつくることをさすこともあります。**屋外《おくがい》のわずかなスペースで小《ちい》さな自然《しぜん》を楽《たの》しめるビオトープ**に必要《ひつよう》なのは、容器《ようき》と底床《そこゆか》、生体《せいたい》の3つだけなので、だれでも気《き》軽《がる》に挑戦《ちょうせん》することができます。**そんなビオトープに最適《さいてき》なのがメダカです。**メダカが水中《すいちゅう》にわいたプランクトンなどを食《た》べてフンをし、そのフンは水草《みずくさ》の栄養《えいよう》になり、水草《みずくさ》はメダカに酸素《さんそ》を供給《きょうきゅう》します。こうしたビオトープの一部《いちぶ》としてくらすメダカを愛《め》でるのも楽《たの》しいです。

飼《か》えばわかる
かわいさ!!

金魚鉢《きんぎょばち》とメダカ

金魚鉢《きんぎょばち》でも、数匹《すうひき》であれば、こまめな管理《かんり》で飼育《しいく》できる。

メダカすくいに挑戦《ちょうせん》

お祭《まつ》りなどで見《み》られるメダカすくい。持《も》ち帰《かえ》るのは飼育《しいく》できる分《ぶん》だけにしよう。

睡蓮鉢《すいれんばち》で楽《たの》しむメダカ

大《おお》きな睡蓮鉢《すいれんばち》で屋外飼育《おくがいしいく》するのも定番《ていばん》の飼《か》い方《かた》。

推《お》しポイント

自宅《じたく》で新《あら》たな品種《ひんしゅ》をつくることも

手軽《てがる》に飼育《しいく》できる魚《さかな》として昔《むかし》から親《した》しまれているメダカ。じつは、近年《きんねん》になってメダカが人気《にんき》になったのは、2000年以降《ねんいこう》に品種改良《ひんしゅかいりょう》によってつくられた新種《しんしゅ》、いわゆる**改《かい》良《りょう》メダカが登場《とうじょう》**したからです。これまでにおなじみだったヒメダカ以外《いがい》に、さまざまな改良《かいりょう》メダカがつくられていて、いまでは500以上《いじょう》の品《ひん》種《しゅ》があり、現在《げんざい》も日本各地《にっぽんかくち》で新《あら》しい品種《ひんしゅ》が誕生《たんじょう》しています。メダカは、環境《かんきょう》さえ整《ととの》えれば誰《だれ》でも繁殖《はんしょく》させることができるので、自宅《じたく》で新《あら》たな品《ひん》種《しゅ》の作出《さくしゅつ》に挑戦《ちょうせん》することもできます。**自分《じぶん》なりの品種改良《ひんしゅかいりょう》に挑戦《ちょうせん》**できるのも、メダカを飼《か》う魅力《みりょく》です。

まめちしき

日本《にっぽん》の野生《やせい》メダカは2種《しゅ》だった

これまで、日本《にっぽん》の野生《やせい》メダカは1種類《しゅるい》だと考《かんが》えられてきましたが、2012年《ねん》の遺伝子研究《いでんしけんきゅう》の結果《けっか》、じつは2種《しゅ》いることがわかりました。おもに青森県《あおもりけん》から兵庫県《ひょうごけん》にかけての日本海側《にほんかいがわ》に分布《ぶんぷ》する「**キタノメダカ**」と、それ以外《いがい》の地域《ちいき》に分布《ぶんぷ》する「**ミナミメダカ**」です。こうした野生《やせい》のメダカは、環境破壊《かんきょうはかい》などの影響《えいきょう》で数《かず》が減《へ》っているため、近《ちか》くの川《かわ》などで見《み》つけても、むやみにとるのはやめましょう。また、飼育《しいく》していたメダカを川《かわ》に戻《もど》すことも、**生態系《せいたいけい》を壊《こわ》すおそれ**があるので、絶対《ぜったい》にやめましょう。

メダカの仲間《なかま》

ヒメダカ

長《なが》い歴史《れきし》をもつ品種《ひんしゅ》。登場《とうじょう》は江戸時代以前《えどじだいいぜん》。緋色《ひいろ》になるように作《つく》られ、この名《な》がついた。

◆約《やく》3～4cm

ブラックメダカ

黒《くろ》い体色《たいしょく》が美《うつく》しい品種《ひんしゅ》。白《しろ》い容器《ようき》で飼《か》っていても白《しろ》くならず、きれいな黒色《こくしょく》を維持《いじ》できる。

◆約《やく》3～4cm

ミナミメダカ

野生《やせい》メダカ。地域《ちいき》によって９つの型《かた》に分《わ》けられる。生息地《せいそくち》の減少《げんしょう》や外来種《かいらいしゅ》の影響《えいきょう》などから、絶滅《ぜつめつ》の危険《きけん》が増大《ぞうだい》している。

◆約《やく》3cm

楊貴妃《ようきひ》メダカ

2004年《ねん》に登場《とうじょう》した改良《かいりょう》メダカ。ヒメダカよりも鮮《あざ》やかな朱赤色《しゅあかいろ》が魅力《みりょく》。改良《かいりょう》メダカ人気《にんき》の先駆《さきが》け。

紅白《こうはく》ラメ

2016年《ねん》に作《つく》られた品種《ひんしゅ》。紅白《こうはく》の体色《たいしょく》にキラキラと輝《かがや》くラメが美《うつく》しい改良《かいりょう》メダカで、高《たか》い人気《にんき》を誇《ほこ》る。

キンギョ

かわいさ抜《ばっ》群《ぐん》
歴《れき》史《し》ある観《かん》賞《しょう》魚《ぎょ》

色《いろ》や模《も》様《よう》
体《たい》型《けい》もいろいろ
飽《あ》きのこない
きれいさ

キンギョのトリセツ

1	なついてくれる？	なつくような仕草《しぐさ》もみせてくれます
2	かかるお金《かね》は？	月《つき》1000～2000円程度《えんていど》です
3	なにを食《た》べる？	金魚用《きんぎょよう》フードでOKです
4	いつまで一緒《いっしょ》？	10～15年《ねん》ほどです
5	飼育《しいく》スペースは？	幅《はば》40cm以上《いじょう》の水槽《すいそう》がほしいです

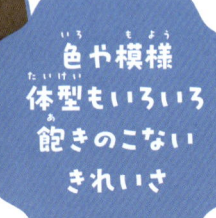

推《お》しポイント

歴史《れきし》は500年《ねん》以上《いじょう》
かわいくて美《うつく》しい

中国《ちゅうごく》の野生《やせい》のフナから突然変異《とつぜんへんい》で現《あらわ》れたとされるキンギョ。日本《にっぽん》には西暦《せいれき》1500年《ねん》ごろに伝《つた》わってきました。一部《いちぶ》の人々《ひとびと》だけが楽《たの》しめる贅沢《ぜいたく》品《ひん》でしたが、江戸時代《えどじだい》から一般《いっぱん》の人《ひと》にも広《ひろ》がっていったようです。明治《めいじ》時代《じだい》になると、品種改良《ひんしゅかいりょう》がさかんにおこなわれるようになり、多《おお》くの品《ひん》種《しゅ》が誕生《たんじょう》しました。夏祭《なつまつ》りでは必《かなら》ずといっていいほど金魚《きんぎょ》すくいの屋台《やたい》が見《み》られるように、身近《みぢか》な存在《そんざい》で**初《しょ》心者《しんしゃ》でも飼《か》いやすく、愛嬌《あいきょう》のある姿《すがた》は見応《みごた》えがあります。**健康《けんこう》に飼育《しいく》すれば10年《ねん》以上《いじょう》生《い》きることもあるほか、人《ひと》にもよくなれるので、愛《あい》するペットになるでしょう。

フィルター｜大《おお》きめのものがよい
水槽《すいそう》｜大《おお》きめのものがよい
水草《みずくさ》や流木《りゅうぼく》｜水草《みずくさ》はキンギョが食《た》べることもある
床材《ゆかざい》｜アクアリウム専用《せんよう》の砂《すな》を使《つか》う
水槽台《すいそうだい》｜水槽《すいそう》は重《おも》いので専用《せんよう》の台《だい》を使《つか》う

参考初期費用《さんこうしょきひよう》 10000円《えん》～20000円《えん》

心《こころ》にいやしをもたらす キンギョのいる風《ふう》景《けい》

DATE　/　/

ダンスでエサをおねだり！

大《おお》きな金魚鉢《きんぎょばち》でキンギョを飼《か》い始《はじ》めたよ！エサをあげようと近《ちか》づくと体《からだ》をゆらしながらエサをおねだりしてくる姿《すがた》がとってもかわいいんだ！　エサをあげすぎないよう気《き》をつけなきゃいけないね！

推《お》しポイント

キュートすぎるエサくれダンス

キンギョを飼《か》い始《はじ》めてしばらくすると、飼《か》い主《ぬし》がエサをくれることを覚《おぼ》えます。そうなると、飼《か》い主《ぬし》の姿《すがた》を見《み》ると一目散《いちもくさん》に近寄《ちかよ》ってきてせわしなく体《からだ》を左右《さゆう》に揺《ゆ》らし、口《くち》をパクパクさせながらエサを催促《さいそく》します。飼《か》い主《ぬし》たちの間《あいだ》で「**エサくれダンス**」とよばれるこのしぐさは、とても愛《いと》おしく、金魚《きんぎょ》を飼育《しいく》する楽《たの》しみのひとつですが、気《き》をつけないといけないこともあります。エサくれダンスの度《たび》にエサをあげていると、消化不《しょうかふ》良《りょう》を起《お》こして最悪死《さいあくし》んでしまいます。エサをあげるときは、エサくれダンスのかわいさに負《ま》けず、**適切《てきせつ》な量《りょう》を守《まも》るように**しましょう。

飼《か》えばわかるかわいさ!!

夏《なつ》の思《おも》い出《で》を育《そだ》てる

キンギョといえばお祭《まつ》りのキンギョすくい。そこから持《も》ち帰《かえ》ったキンギョでもしっかりと水槽《すいそう》で育《そだ》てれば長生《ながい》きしてくれる。

「上見《うわみ》」で楽《たの》しむ

上見《うわみ》とは上《うえ》から鑑賞《かんしょう》すること。どこから見《み》ても美《うつく》しいキンギョだが、上《うえ》から見《み》るために改良《かいりょう》されてきただけあって上見《うわみ》での姿《すがた》は魅力的《みりょくてき》。

注意すべきこと!!

余裕《よゆう》のある入《い》れ物《もの》で健康《けんこう》に育《そだ》てよう

金魚《きんぎょ》は小《ちい》さな金魚鉢《きんぎょばち》で飼《か》うものというイメージを持《も》っている人《ひと》もいるかもしれません。しかし、**小《ちい》さな入《い》れ物《もの》は、長期飼育《ちょうきしいく》には不向《ふむ》きです。**金《きん》魚《ぎょ》は水《みず》を汚《よご》しやすいので、水量《すいりょう》の多《おお》い方《ほう》が安定《あんてい》して飼育《しいく》できます。その点《てん》、小《ちい》さな入《い》れ物《もの》は入《はい》る水量《すいりょう》が少《すく》なく、水《みず》をきれいにするろ過《か》フィルターなども設置《せっち》しにくいので、長生《ながい》きさせるのは困難《こんなん》です。最近《さいきん》ではどんぶり鉢《ばち》などで飼《か》う「どんぶり金《きん》魚《ぎょ》」という飼《か》い方《かた》も知《し》られていますが、難易度《なんいど》が高《たか》く上級者《じょうきゅうしゃ》向《む》きです。金魚《きんぎょ》はしっかり飼育《しいく》すれば長生《ながい》きするので、**水量《すいりょう》に余裕《よゆう》のある水槽《すいそう》や大《おお》きな鉢《はち》**で飼《か》うのがよいでしょう。

キンギョの仲《なか》間《ま》

◆約《やく》13～30㎝

ワキン

原種《げんしゅ》に近《ちか》い品種《ひんしゅ》でありキンギョの原点《げんてん》。10年《ねん》以上《いじょう》生《い》きると、30㎝を超《こ》すこともある。

リュウキン

人気《にんき》のある品種《ひんしゅ》のひとつ。体高《たいこう》のある丸《まる》っこい体《からだ》と長《なが》くたなびく優雅《ゆうが》な尾《お》びれが魅力《みりょく》。

◆約《やく》10～20㎝

◆約《やく》10～30㎝

コメット

アメリカで作《つく》られたワキン型《がた》の品種《ひんしゅ》。名前《なまえ》はコメット（彗星《すいせい》）のように長《なが》くのびた尾《お》ビレが由来《ゆらい》。体色《たいしょく》は紅白《こうはく》の更紗《さらさ》が標準的《ひょうじゅんてき》。

デメキン

中国原産《ちゅうごくげんさん》。流金《りゅうきん》の突然変異《とつぜんへんい》によって現《あらわ》れた。左右《さゆう》に飛《と》び出《で》た眼球《がんきゅう》がトレードマークの人気種《にんきしゅ》。

ピンポンパール

中国《ちゅうごく》で作《つく》られた品種《ひんしゅ》。ピンポン玉《だま》のような丸々《まるまる》とした体《からだ》と短《みじか》い尾《お》びれがかわいい。泳《およ》ぐ姿《すがた》も愛嬌《あいきょう》たっぷり。

ウーパールーパー

愛《あい》くるしい笑顔《えがお》がトレードマーク

表情豊《ひょうじょうゆた》かなかわいい顔《かお》がくせになる!!

ウーパールーパーのトリセツ

1	なついてくれる？	残念《ざんねん》ながらなつきません
2	かかるお金《かね》は？	月《つき》1000～2000円《えん》です
3	なにを食《た》べる？	専用《せんよう》フードでOKです
4	いつまで一緒《いっしょ》？	5～8年《ねん》ほどです
5	飼育《しいく》スペースは？	横《よこ》45cm以上《いじょう》の水槽《すいそう》がほしいです

推《お》しポイント

むずかしそうだけど飼育《しいく》は比較的簡単《ひかくてきかんたん》

ウーパールーパーは、カエルと同《おな》じ両生類《りょうせいるい》のなかま。成長《せいちょう》すると20cmほどになります。メキシコ原産《げんさん》で、日《にっ》本《ぽん》で販売《はんばい》されているものは国内《こくない》で繁《はん》殖《しょく》されたものです。「ウーパールーパー」という名前《なまえ》は日本《にっぽん》でつけられた商品名《しょうひんめい》で、**「メキシコサラマンダー」**や**「アホロートル」とも呼《よ》ばれます。**ユニークな見《み》た目《め》かつ両生《りょうせい》類《るい》ということで飼育《しいく》もむずかしそうですが、一般的《いっぱんてき》な魚用《さかなよう》の飼育《しいく》セットで飼《か》えます。適切《てきせつ》な水温《すいおん》を保《たも》ち、定《てい》期的《きてき》に水換《みずか》えをおこなって清潔《せいけつ》な水《みず》を維持《いじ》していればまずは問題《もんだい》ないので、**初心者《しょしんしゃ》でも比較的簡単《ひかくてきかんたん》に飼育《しいく》することができます。**

フィルター｜大《おお》きめのものがよい
水槽《すいそう》
水草《みずくさ》や流木《りゅうぼく》
かくれ家《が》｜陶器製《とうきせい》の土管《どかん》など筒状《つつじょう》のものが多《おお》い
水槽台《すいそうだい》｜水槽《すいそう》は重《おも》いので専用《せんよう》の台《だい》を使《つか》う

参考初期費用《さんこうしょきひよう》　10000円《えん》～25000円《えん》

見《み》ているこちらも笑《え》顔《がお》に ウーパールーパースマイル

DATE / /

土《ど》管《かん》からこんにちは！

暗《くら》い場《ば》所《しょ》が好《す》きみたいで、土《ど》管《かん》に隠《かく》れることもあるんだ。笑《わら》っているような、のほほんとした顔《かお》がとってもかわいいね！ ゆっくりのそのそと動《うご》く姿《すがた》も愛《あい》らしくて不《ふ》思《し》議《ぎ》な魅《み》力《りょく》があるよ！

推《お》しポイント

隠《かく》れ家《が》をつくってあげよう

土《ど》管《かん》からこちらを見《み》つめる姿《すがた》もかわいいウーパールーパー。**かれらは夜《や》行《こう》性《せい》で暗《くら》い場《ば》所《しょ》を好《この》む**ので、隠《かく》れ場《ば》所《しょ》を用《よう》意《い》してあげるか、水《すい》槽《そう》を暗《くら》い場《ば》所《しょ》に置《お》くとよいでしょう。隠《かく》れ家《が》は半《はん》分《ぶん》に割《わ》った植《うえ》木《き》鉢《ばち》などで代《だい》用《よう》できますが、設《せっ》置《ち》する時《とき》はよく洗《あら》い、ウーパールーパーが体《からだ》を傷《きず》つけないようとがった部《ぶ》分《ぶん》はとりのぞくようにしてください。また、ウーパールーパーは水《みず》を汚《よご》しやすいので、ろ過《か》フィルターを使《し》用《よう》してこまめに水《みず》換《か》えをするのがおすすめです。**高《こう》温《おん》が苦《に》手《がて》なので、夏《なつ》場《ば》はエアコン、水《すい》槽《そう》用《よう》クーラー、冷《れい》却《きゃく》ファンなどを使《つか》って適《てき》温《おん》を保《たも》つ**ようにしましょう。

首元《くびもと》の立派《りっぱ》なエラ

首元《くびもと》のえりのようなものはエラ。

白《しろ》と黒《くろ》のペア

同《おな》じ大《おお》きさの成長《せいちょう》した個体同士《こたいどうし》なら複数《ふくすう》飼《か》いも可能《かのう》。

推しポイント

品種《ひんしゅ》によって色《いろ》もいろいろ

野生《やせい》のウーパールーパーは灰色《はいいろ》や黒《こっ》褐色《かっしょく》ですが、飼育用《しいくよう》として販売《はんばい》されているものは品種改良《ひんしゅかいりょう》されていて、全身《ぜんしん》が白《しろ》いアルビノや黄色《きいろ》っぽいゴールデン、黒《くろ》いブラックなどの品《ひん》種《しゅ》があります。ウーパールーパーは複数匹《ふくすうひき》を混泳《こんえい》させることもでき、色《いろ》違《ちが》いの個体《こたい》を飼育《しいく》することもできます。しかし、ウーパールーパーはある程度《ていど》の大《おお》きさになるまで共食《ともぐ》いをすることがあるので、**目安《めやす》として、6㎝をこえるまでは個別《こべつ》に飼育《しいく》する**とよいでしょう。混泳《こんえい》では60㎝水槽《すいそう》で2～3匹《びき》を限度《げんど》として、隠《かく》れ家《が》もいくつか設置《せっち》するなどといった点《てん》に注意《ちゅうい》して飼育《しいく》したいです。

カメ

スローライフ&ロングライフ

ゆったりまったり
流《なが》れる時間《じかん》
カメとの時間《じかん》を
楽《たの》しもう!!

カメのトリセツ

1 なついてくれる?	なつく個体《こたい》も多《おお》いです
2 かかるお金《かね》は?	月《つき》1000～3000円《えん》ほどです
3 なにを食《た》べる?	カメ専用《せんよう》フードでOKです
4 いつまで一緒《いっしょ》?	20～30年《ねん》ほど生《い》きます
5 飼育《しいく》スペースは?	横幅《よこはば》60cmはほしいです

推《お》しポイント

のんびりかわいい長《なが》生《い》き爬《は》虫類《ちゅうるい》

ちょっとのんびりしているところや、**愛《あい》くるしい顔《かお》、甲羅《こうら》に頭《あたま》を引《ひ》っ込《こ》める姿《すがた》**などがかわいいカメ。その中《なか》でも、おもに水中《すいちゅう》をすみかにする水棲《すいせい》カメは、水槽《すいそう》や大《おお》きなケースなどで飼育《しいく》できることからペットとして人気《にんき》があります。あまり人《ひと》になつくイメージがないカメですが、種《しゅ》によっては**飼《か》い主《ぬし》の顔《かお》を覚《おぼ》えたり、手《て》からエサを食《た》べるようになったりするなど愛《あい》らしい一面《いちめん》**もあります。また、「ツルは千年《せんねん》カメは万年《まんねん》」というように、比較的《ひかくてき》長生《ながい》きするものが多《おお》く、成長《せいちょう》しても10㎝ほどの小型《こがた》カメであるミシシッピニオイガメでも約《やく》20年《ねん》ほど生《い》きます。

ライト｜日光浴《にっこうよく》に使《つか》います
フィルター｜飼育水《しいくすい》をきれいにする器具《きぐ》
水槽《すいそう》
陸地《りくち》
床材《ゆかざい》｜アクアリウム専用《せんよう》の砂《すな》を使《つか》う
水槽台《すいそうだい》｜水槽《すいそう》は重《おも》いので専用《せんよう》の台《だい》を使《つか》う

参考《さんこう》初期《しょき》費用《ひよう》 10000円《えん》～25000円《えん》

カメと一緒《いっしょ》に楽《たの》しむマイペースなくらし

DATE　/　/

日光浴《にっこうよく》してるよ！

足場《あしば》に上《のぼ》って日光浴用《にっこうよくよう》のライトに当《あ》たっているよ！　光《ひかり》を浴《あ》びて健康《けんこう》を保《たも》っているんだって。こうしてのんびりじっとしている姿《すがた》を見《み》ているのもいやされるね！　なんだかこっちもウトウトしてきちゃいそう〜。

推《お》しポイント

日光浴《にっこうよく》タイムも安《やす》らぎのひととき

多《おお》くのカメにとって**日光浴《にっこうよく》はとても大切《たいせつ》**です。体温《たいおん》の調節《ちょうせつ》、皮膚《ひふ》に付《つ》いている微生物《びせいぶつ》を駆除《くじょ》することによる皮膚病《ひふびょう》の予防《よぼう》、甲羅形成《こうらけいせい》に必要《ひつよう》なカルシウムの吸収《きゅうしゅう》を促《うなが》すビタミンD《ディー》の合成《ごうせい》などの役割《やくわり》があります。室内《しつない》で飼《か》う場合《ばあい》、体温調節《たいおんちょうせつ》するための日光《にっこう》浴《よく》スポットをつくりだすバスキングライトと、紫外線《しがいせん》を放射《ほうしゃ》する紫外線《しがいせん》ライトを設置《せっち》して、**擬似的《ぎじてき》に日光浴《にっこうよく》ができる環境《かんきょう》をつくってあげるのが理想《りそう》**です。ミシシッピニオイガメなどは日光浴《にっこうよく》をあまり必要《ひつよう》としませんが、病気予防《びょうきよぼう》のためにもライトを設《せっ》置《ち》するか、時々《ときどき》外《そと》に出《だ》して日光浴《にっこうよく》をさせてあげるのもよいでしょう。

飼《か》えばわかる かわいさ!!

水《みず》を飲《の》んでいる!?

ろ過《か》器《き》から出《で》る水《みず》を飲《の》んでいる。水槽《すいそう》の水《みず》はカメの飲《の》み水《みず》にもなる。

お部《へ》屋《や》を散《さん》歩《ぽ》中《ちゅう》!

部屋《へや》を散歩《さんぽ》するミシシッピニオイガメ。水陸《すいりく》どちらでもくらすカメならでは。

注意すべきこと

!! 水《みず》はいつも清潔《せいけつ》にしてあげよう

カメを飼育《しいく》する際《さい》にもっとも大切《たいせつ》なのが水換《みずか》えです。水質《すいしつ》を維持《いじ》するためのろ過《か》フィルターを稼働《かどう》させていても、最低《さいてい》でも3日に1回《かい》は水換《みずか》えを行《おこな》いましょう。可能《かのう》であれば毎日《まいにち》水換《みずか》えするのが理想《りそう》です。カメは水《みず》をかなり汚《よご》しますが、**自分自身《じぶんじしん》はきれいな水《みず》を好《この》んで飲《の》みます。**水質《すいしつ》が悪化《あっか》してくると水《みず》を飲《の》まなくなり、脱水状態《だっすいじょうたい》になってしまいます。また、水《みず》が汚《よご》れるとカメのにおいも強《つよ》くなるので、こまめに掃除《そうじ》をするのがよいです。健康《けんこう》に飼育《しいく》するためにも、可能《かのう》な範囲《はんい》で水換《みずか》えの頻度《ひんど》を高《たか》めて水質《すいしつ》を安定《あんてい》させてあげるようにしましょう。

マリモ

まるまるした 緑《みどり》のもふもふ

不思議《ふしぎ》な魅力《みりょく》の
緑《みどり》のボール。
これでも
生《い》きているんです

マリモのトリセツ

1	なついてくれる？	見《み》ているだけでいやされます
2	かかるお金《かね》は？	エサ代《だい》などはありません
3	なにを食《た》べる？	光合成《こうごうせい》で成長《せいちょう》します
4	いつまで一緒《いっしょ》？	数十年《すうじゅうねん》は生《い》きるようです
5	飼育《しいく》スペースは？	水《みず》が入《はい》るものならなんでもOK

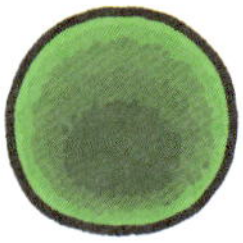

推《お》しポイント

とにかく飼《し》育《いく》が楽《らく》な神《しん》秘《ぴ》的《てき》な緑《みどり》の球《きゅう》体《たい》

マリモは、藻類《そうるい》という、ワカメなど海藻《かいそう》と同《おな》じグループの生《い》き物《もの》です。体《からだ》は小《ちい》さな糸状《いとじょう》をしており、それが集《あつ》まって写真《しゃしん》のような球状《きゅうじょう》の集合体《しゅうごうたい》になります。もちろんマリモとコミュニケーションはとれませんが、**見《み》ているだけでいやされる不思議《ふしぎ》な生《い》き物《もの》です。**飼育《しいく》はとても簡単《かんたん》で、水《みず》が入《はい》った水槽《すいそう》または容器《ようき》にマリモをいれるだけ。直射日光《ちょくしゃにっこう》をさけて、1週間《しゅうかん》に1回《かい》、夏場《なつば》は3日《か》に1回《かい》のペースで水換《みずか》えして、水温《すいおん》が35℃を超《こ》えないように注意《ちゅうい》しましょう。販売《はんばい》されているマリモは、人工的《じんこうてき》に丸《まる》められているので、割《わ》れても丸《まる》めなおせば大丈夫《だいじょうぶ》です。

ビンでくらすマリモ

ビンを上《うえ》から見《み》た様子《ようす》。丸《まる》っこいのでどの角度《かくど》から見《み》てもかわいらしい。

インテリアにも

ガラス瓶《びん》などに入《い》れれば、おしゃれなインテリアにもなる。

参考初期費用《さんこうしょきひよう》 1000円《えん》〜3000円《えん》

ペットもっとくわしく

アクアリウムはいやしの空間《くうかん》

まめちしき

愛好家《あいこうか》が多《おお》い熱帯魚飼育《ねったいぎょしいく》の世界《せかい》

日本《にっぽん》で飼《か》われているペットの種類《しゅるい》のランキングでは、1位《い》がイヌ、2位《い》がネコ、そして**3位《い》はキンギョや熱帯魚《ねったいぎょ》**です。特《とく》に熱帯魚《ねったいぎょ》に注目《ちゅうもく》してみると、この本《ほん》で紹介《しょうかい》した**淡水熱帯魚《たんすいねったいぎょ》**の他《ほか》に、**海水熱帯魚《かいすいねったいぎょ》**を飼育《しいく》する飼《か》い主《ぬし》もいます。海水熱帯魚《かいすいねったいぎょ》は淡水熱帯魚《たんすいねったいぎょ》と比《くら》べて、水質《すいしつ》を維持《いじ》するための器具《きぐ》を用意《ようい》するのが大変《たいへん》で、お金《かね》もかかります。大変《たいへん》な分《ぶん》、**カラフルで美《うつく》しい海水魚《かいすいぎょ》やサンゴ**などの飼育《しいく》を楽《たの》しむことができます。淡水《たんすい》の熱帯魚飼育《ねったいぎょしいく》では、水草《みずくさ》の育成《いくせい》に力《ちから》を入《い》れている愛好家《あいこうか》もたくさんいます。水草《みずくさ》レイアウトの美《うつく》しさを競《きそ》う「世界《せかい》水草《みずくさ》レイアウトコンテスト」のように20年《ねん》以上《いじょう》続《つづ》くコンテストもあります。そこまで本格的《ほんかくてき》とはいかなくとも、丹精《たんせい》こめて育《そだ》てたきれいな水草《みずくさ》がひとつあれば、水槽《すいそう》の前《まえ》が家《いえ》の中《なか》でホッとひと息《いき》がつく場所《ばしょ》になります。部屋《へや》の明《あ》かりを消《け》して水槽《すいそう》を照《て》らすと、いやしの時間《じかん》を過《す》ごせるでしょう。

水草《みずくさ》マニアの家《いえ》ともなると、水草《みずくさ》をストックするための専用《せんよう》の水槽《すいそう》もある。

カクレクマノミ

ディズニー映画《えいが》でも有名《ゆうめい》なカクレクマノミは一般《いっぱん》家庭《かてい》でも飼育《しいく》できる海水魚《かいすいぎょ》。イソギンチャクにつつまれている。

水草《みずくさ》レイアウト水槽《すいそう》

水草《みずくさ》がきちんと育《そだ》った環境《かんきょう》は熱帯魚《ねったいぎょ》にとってもよい環境《かんきょう》。熱帯魚本来《ねったいぎょほんらい》のきれいな体色《たいしょく》を見《み》ることができる。

ペットもっとくわしく

ペットとのお別《わか》れを考《かんが》えておく

まめちしき

寿命《じゅみょう》が近《ちか》づいたら将来《しょうらい》のことも考《かんが》える

ペットを飼育《しいく》する上《うえ》で、避《さ》けて通《とお》れないのが「お別《わか》れのとき」です。どんなに愛情《あいじょう》を込《こ》めても、どんなに丁寧《ていねい》に世話《せわ》をしても、必《かなら》ずそのときが訪《おとず》れてしまいます。辛《つら》く悲《かな》しいことですが、**自分《じぶん》の心《こころ》を落《お》ち着《つ》けて、ペットとよいお別《わか》れができるように、前《まえ》もってその後《あと》のことを考《かんが》えておくことが大切《たいせつ》です。**小動物《しょうどうぶつ》のペットの葬儀《そうぎ》でもっとも一般的《いっぱんてき》なのは、ペットの葬儀《そうぎ》を取《と》り扱《あつか》う専門業者《せんもんぎょうしゃ》に依頼《いらい》する方法《ほうほう》です。小動物《しょうどうぶつ》であれば1万《まん》〜5万円《まんえん》（葬式《そうしき》・読経《どきょう》の有無《うむ》や火葬《かそう》の仕方《しかた》などで値段《ねだん》が変《か》わります）ほどで対応《たいおう》してくれます。ペットの種類《しゅるい》や季節《きせつ》によっては、遺体《いたい》の管理《かんり》に気《き》を使《つか》う必要《ひつよう》がありますが、そうした方法《ほうほう》を案内《あんない》してくれる場合《ばあい》もあります。骨《ほね》が残《のこ》るペットであれば骨壺《こつつぼ》を受《う》け取《と》ることもできますし、霊園《れいえん》などで供養《くよう》する選択肢《せんたくし》もあります。庭《にわ》のある家《いえ》に住《す》んでいる場合《ばあい》は、庭《にわ》に埋《う》めることも可能《かのう》ですが、ペットの種類《しゅるい》によっては臭《にお》いや害虫《がいちゅう》が発生《はっせい》するなどの問題《もんだい》があるため、土葬《どそう》をするのであれば遺灰《いはい》で行《おこな》うとよいでしょう。また、**近《ちか》くの公園《こうえん》などに墓《はか》をつくることは法律《ほうりつ》に違反《いはん》するため、絶対《ぜったい》にやめましょう。**なにより大切《たいせつ》なのは、飼《か》い主《ぬし》や、共《とも》に時間《じかん》を過《す》ごした家族《かぞく》の気持《きも》ちの整理《せいり》なので、いざというときに慌《あわ》てて悔《く》いを残《のこ》さないように、「お別《わか》れのときはどうするか」を考《かんが》えて、備《そな》えておくことをおすすめします。

ペットの火葬《かそう》

ペットの火葬《かそう》は主《おも》に「合同火葬《ごうどうかそう》（他《ほか》のペットと一緒《いっしょ》に火葬《かそう》される）」、「葬儀《そうぎ》（お別《わか》れの儀式《ぎしき》）と火葬《かそう》のセット」、「出張火葬《しゅっちょうかそう》（自宅《じたく》や指定《してい》の場所《ばしょ》まで火葬車《かそうしゃ》が来《き》て火葬《かそう》する）」などがある。お金《かね》はかかるが、骨壺《こつつぼ》や墓《はか》も対応《たいおう》してくれる場合《ばあい》が多《おお》い。

骨壺《こつつぼ》

遺骨《いこつ》を納《おさ》めた骨壺《こつつぼ》。思《おも》い出《で》の写真《しゃしん》や好《す》きだった食《た》べ物《もの》を供《そな》えよう。

さくいん

編集制作	三橋太央
イラスト	高橋望、きのしたちひろ
執筆	笹島佑介、三橋太央
デザイン	三橋太央
写真	PIXTA、photolibrary、iStockphoto、うしまる、しんげん、ポマー、ゆっきー、ルミちゃん
企画・編集	成美堂出版編集部（原田洋介、芳賀篤史）

飼いたいペットのえらびかた

編　著　成美堂出版編集部
発行者　深見公子
発行所　成美堂出版
〒162-8445　東京都新宿区新小川町1-7
電話(03)5206-8151　FAX(03)5206-8159
印　刷　広研印刷株式会社

©SEIBIDO SHUPPAN 2024　PRINTED IN JAPAN
ISBN978-4-415-33286-4
落丁·乱丁などの不良本はお取り替えします
定価はカバーに表示してあります

• 本書および本書の付属物を無断で複写、複製(コピー)、引用することは著作権法上での例外を除き禁じられています。また代行業者等の第三者に依頼してスキャンやデジタル化することは、たとえ個人や家庭内の利用であっても一切認められておりません。